生物駭客？

基因啟迪時代來臨，DNA也可以被編輯

〔美〕Brian Winston Ricci（伍博文）著／周慧君 楊巧 譯

U0068730

2020年初，2019冠狀病毒病
（COVID-19，俗稱新冠肺炎）遍及全
球，感染人數上萬人，透過基因定序
技術，我們發現新型冠狀病毒竟接近
當年的SARS- CoV，彷彿十八年前的
噩夢再度重演……

基因和病毒有著密不可分的關聯

你知道嗎？

推薦人

中國醫藥大學醫學系 廖世傑 博士

文泉清華

目錄 contents

contents

目錄

目錄 contents

作者簡介

　　任博文，大學生命科學與技術學院教授、博士生導師，美國史丹佛大學基因組及生物資訊學博士後；美國AGI 公司和益基生物科技有限公司（iDNA 網）聯合創始人及首席科學家。

　　任博文教授長期致力於精準醫療的研究，成功領導了世界上第一個透過基因晶片在分子平均值上確認乳腺癌患者治療方案的項目，其關於肺癌檢測的文章獲得二〇〇九年度最被病理醫生關注獎；肺癌、大腸癌、鼻咽癌等基因診斷項目成為美國腫瘤精準醫療分子診斷標準。二〇一五年，由於其對生物產業科技創新所做

出的突出貢獻，任博文教授受邀成為科技創新座談會建
言專家。

內容簡介

　　基因如同汽車，都是造福人類的工具，同樣有利有弊，不可以偏概全。本書便是作者同時站在基因組學（genomics）領域局外人和內行人的角度對基因領域的不公平現象、基因行業熱門趨勢、基因技術的應用及對未來的展望所做的解讀，分別對應基因外傳、基因紀聞、基因啟迪和其他等四個版塊。每個版塊講述不一樣的主題，每個版塊陳述不一樣的看法，以批判性的眼光看待基因行業的井噴式發展。

序

　　小時候，別人告訴我，人類與動物之間的關鍵區別就在於，人類會製造工具。人類製造和使用工具的能力，使得其由底層的低等生物開始迅速崛起，也讓其具備了統治地球的力量和權力。據觀察發現，黑猩猩用樹枝捕食螞蟻的時候，為了把樹枝伸進螞蟻洞中，會先將樹枝上的葉子去掉。雖然這一發現有點令「人」沮喪，但還不至於將人類拉下神壇。樹枝捕食螞蟻的伎倆並不高級，至少跟原子彈或變色咖啡杯相比不會讓人覺得印象格外深刻。然而，有人還見過黑猩猩做長矛、烏鴉用棍棒捕獲昆蟲、大象可以做簡易蒼蠅拍、章魚能建城牆。人類只好被迫承認，使用工具的能力並不是為人的終極標準。

　　於是，人開始恐慌，難道我們並沒有傳說的那麼特別？

　　總之，將人類與動物區分開來的既不是使用工具的能力，也不是製造工具的能力，而在於人類會利用工具來保護自己。俗話說「人靠衣裝」，你用 Mac 還是桌上型電腦？用 iPhone 還是安卓手機？你敢說你根據一個人開的車就能知道他是什麼樣的人嗎？在美國，男性可以分為兩種，一種喜歡戴各種棒球帽，另一種死都不會戴棒球帽。年輕男性也可以分為兩種，一種會在自己的車上貼變形金剛的貼紙，另一種則不會。

　　可以說，真正將人類與動物區別開來的是人與其製造的工具之間異常奇妙的關係。這種現象很奇怪。人類製作、使用工具的過程本應非常簡單。首先，確定問題所在；其次，聰明的人設計相應的工具來解決這個問題；最後，實際遇到所說的問題時，直接使用已有的工具。工具的設計者就可以賺得盆滿缽滿，有抱負的年輕人也會爭先恐後地去搶購他的自傳。多麼美好且勵志的故事結局！

　　如果我們的世界真有這麼簡單該多好！

　　俗話說：「如果你手中握著一把鎚子，那麼你面前的任何事物都會變成釘子。」一旦我們擁有了新的工具，我們就會想去使用它，並且多次使用，比如汽車。汽車的功能很簡單，它讓人們可以快速地移動，也不會遇到馬車或牛車可能帶來的麻煩。汽車是一種好工具。汽車速度很快，相對比較乾淨，當我們不需要使用時，直接鎖起來就可以，甚至不需要操心喝水或者餵食的問題。我有一輛車，顏色是我最喜歡的綠色，還有車載音樂的功能。我搭乘馬車的經驗很有限，馬兒總喜歡把我拉到最近的樹那裡，而絲毫沒有把我拉到指定目的地的念頭。

　　所以汽車值得我們為之歡呼。當我們需要快速到達某地或者攜帶大量物品的時候，汽車成為出門的首選。除了以上兩大基本功能之外，汽車就沒有那麼實用了，人們很少會用到其他功能。然而，即便汽車在人們生活中應該扮演的角色非常明確且有限，汽車最初進入人們生活的時候還是製造了不小的亂子。在所有現代化的都市中，步行穿越繁華的街道並不簡單。如果存在高速公路的話，那就糟糕了，沒有汽車的話，連出門都成了

難題。現在，都市的佈局設計越來越迎合汽車的出行，而不是人。人成了二級公民，排名僅次於汽車，而馬車不幸排在人之後。

我並不是在提倡馬車的回歸。而且根據馬對人的態度，牠們也不會執著於回歸這件事。

基因可能有點像汽車。基因也是一種好工具，可以幫助我們理解人與人之的差異和共同點，我們甚至可以用基因來預測疾病發生、發展的過程和人生的軌跡。現如今，我們正在學習如何控制自己的基因，從而讓人更加健康。對於現有的技術而言，這無疑是一項強而有力且劃時代的補充。

然而，人類與基因的故事仍在繼續。我們應該將基因的使用局限於小範圍的問題，就像汽車一樣，還是應該充分發揮基因的功能去重構社會呢？我們在實施的時候又該如何區別一項又一項的功能呢？如果基因決定了人的意義，那麼當我們改寫基因的時候，它又意味著什麼呢？

對於上述問題，並不存在非黑即白、非此即彼、是非分明的答案。我認為重要的是我們提出了問題，提出

了以前沒有想到過的問題。更重要的是我們成為如何使
用基因的決策過程中的一員，而不是任由其發生。本書
所包含的這些文章就旨在討論基因的潛力，旨在讓所有
人一同決定如何使用基因這項新工具。

第一章　導言

　　《聖經》中的摩西年輕的時候，目睹了一個埃及人毆打一個希伯來奴隸，於是摩西殺死了那個埃及人，為了躲避法律制裁，就逃到了阿拉伯半島的米甸。在那裡，他娶了當地牧羊人的女兒西坡拉，並為他們的第一個孩子取名為革舜（希伯來語，意為旅行者、暫住者），就像他說的，他只是一片陌生土地上的一個陌生人。

　　可能因為革舜這個名字有點奇怪，可憐的小革舜甚至要跟自己的同學解釋半天。其實，「摩西」（希伯來語，意為從水裡拉上來）這個名字也是一個雙關語，因為他之前被法老女兒從河中救起過。摩西大概覺得取名的時候就應該用雙關語吧！也有可能是因為他覺得如果自己必須經歷這個，那他的兒子也必須這樣。實際上，被冠夫姓的西坡拉也沒能逃過一劫。

　　在那個年代，替孩子取名顯然是一個大問題。幸運的是人類進化了三千年之後，終於想出了「小明」、「小華」之類的名字，不然上學可能會被揍。

　　我們都能理解到一個陌生的地方成為一個陌生人的感覺。即使身邊有很多人陪伴，有時候還是會覺得很孤獨。我從事遺傳學和基因組學研究已經有二十年之久

了，但仍然會覺得基因組學是一片陌生的領域，而我就像一個門外漢。

我在美國長大，現居中國，我應該入鄉隨俗，但事實並非如此。有時候關於遺傳學的研究和思路變幻莫測，令人難以捉摸，每次覺得自己有所落後，我都會努力趕上去。有時候技術似乎在幫那些有錢人，而不是沒錢的人。首創是令人欣喜的挑戰，後來者的挑戰則小得多（我和我的同行在遺傳學研究前線戰壕裡打攻防戰，被科學發展浪潮推著向前走）。

雖然我是一名基因組織學領域的研究人員，但這本書是我以局外人的視角來探索基因組學領域的一次重大嘗試。基因組學是一門很酷炫的科學，一方面，它可以對人類及其所處的世界給出很多解釋，可以提供拯救生命和改善生活的工具；另一方面，它也可能會讓我們覺得與自己所處的世界漸行漸遠。本書的內容可以分為以下四個板塊。

【基因外傳】參考了中國經典小說《水滸傳》。《水滸傳》成書日期比《森林憲章》晚大約一百年，講述了一群好漢對抗專制統治的故事。雖然這部書裡有很多好

漢的故事，但是這並不妨礙它成為我喜歡的經典名著。在這個板塊中，將討論誰享有遺傳學領域的決策權。

【基因紀聞】參考了「每日紀聞」（Daily Record）[1]，即羅馬帝國時期發布的每日通知，雖然寫在木板上，而且內容也比較枯燥，但從某種意義上來說它算是報紙的雛形了，對基因組學新聞的評論將會放在這一板塊當中。

【基因啟迪】參考了湯瑪斯‧阿奎那[2]的《神學大全》[3]，此書與《水滸傳》差不多時間成書，是一本

---

(1)　每日紀聞：也叫阿爾布（Albrecht），西元前五九年的古羅馬，尤利烏斯‧凱撒當選執政官後下令創設，是公告式的官方公報，也是古羅馬統治者採用的重要傳播方式之一。

(2)　湯瑪斯‧阿奎那（Thomas Aquinas，約西元一二二五至一二七四年三月七日）：中世紀經院哲學的哲學家和神學家，他把理性引進神學，用「自然法則」來論證「君權神授說」，死後被封為天使博士、全能博士。他是自然神學最早的提倡者之一，也是托爾斯哲學學派的創立者。他所建立的系統的、完整的神學體系對基督教神學的發展具有重要影響，他被基督教會奉為聖人，有「神學界之王」的稱號。其最有名、最有影響力的著作即《神學大全》。

(3)　《神學大全》：此書以亞里斯多德式的邏輯，從哲學的認識論、本體論的角度，深刻地闡釋了上帝、靈魂、道德、法和國家的問題。

天主教教義的彙編。在這個板塊中，本人將會結合宗教和哲學的知識來推導基因組學的理論，你會發現三者的碰撞也會產生不一樣的火花！

　　【其他】探索基因組學領域不能只著眼於過去，也應該看向未來。所以在這一板塊中，我們將暢想基因組學未來的一切可能性。

第二章　基因外傳

2.1 基因組人類的公共財富，拒絕商業化

　　十三世紀，英國頒布了歷史上第一部限制封建君主權力的憲章，即《大憲章》[4]，它成了後來英國君主立憲制的法律基石。然而，它的姊妹篇——《森林憲章》卻很少為人所知，但我認為《森林憲章》在歷史上也應該享有同等的地位。

---

(4)　《大憲章》：拉丁文為 Magna Carta，英文為 Great Charter，又稱《自由大憲章》或《一二一五大憲章》，是西元一二一五年六月十五日英王約翰被迫簽署的憲法性的文件，其宗旨在於保障貴族的政治獨立和經濟權益。

　　首先，《大憲章》於西元一二一五年頒布，一開始被稱為「貴族的憲章」，兩年之後，《森林憲章》頒布，為了區分這兩個憲章，《大憲章》才有了現在這個名字。

　　其次，《森林憲章》中的詞彙量更豐富、活潑。《大憲章》中主要解決貴族財產的繼承問題，所以用較成熟的拉丁文書寫。《森林憲章》則更多地涉及土地問題，主要用盎格魯 - 諾曼語（Anglo-Norman，拉丁文的一種分支）書寫，語言更為輕快。不難想像，翻譯者把古老的英文單字翻譯成拉丁語時有多麼的痛苦。

　　最後，《大憲章》主要解決貴族的問題，而《森林憲章》則解決平民百姓遇到的難題。貴族雖然高貴，但是平民才是主體人。例如，《森林憲章》規定：如果一個人在森林中撿柴火，除非他不是附近居民，或者他買得起驢和馬車，否則守林人不能向他收取任何費用。

　　回想當年在北方過寒冬的日子，一到秋天，不少村莊就只能靠撿木柴來掙錢，對此我深有體會。貴族不可能去扛那些樹枝吧！也只有《森林憲章》才能保障他們基本的生活權利了。

事實上，《森林憲章》也是最早提出把民眾權益交由下議院監管的合法文件之一。它規定，村莊及其周圍的地區僅供當地的居民使用，不允許任何人對其進行商業開發。不管是從經濟學的角度看還是從社會學的角度來看，這一規定都具有劃時代的重大意義。

拒絕讓社會公共財富被少數人商業化。

不幸的是，事實證明人們更擅長於將公共資源商業化，而不是好好保護這一資源。然而，如果沒有了公共資源，人們就會被迫從享有公共權益的民眾變為為公共財富買單的消費者。

那麼，基因組（genome）是公共財富還是商業資源？

基因組學時代到來之後，頒布相關憲章很有必要。基因組是公共資源還是商業資源？是應該按照自己的意志使用基因組，還是應該遵循公司、藥企或是政府的規定？對於個人基因組，我們是否有獨立性？

這個問題，幾年前就已引起了社會的擔憂。一九九〇年代，克萊格·凡特就引出了基因組是公共財

富還是商業資源的爭論。

克萊格·凡特是美國國立衛生研究院（NIH）的科學家，他發明了快速測定基因表現（gene expression）序列的技術，即有名的霰彈槍定序法。在此基礎之上，NIH 推動了大量基因片段的專利化。

詹姆斯·華生是 DNA 雙螺旋結構的發現者之一，也是 NIH 人類基因組計畫（Human Genome Project, HGP）最初的負責人，他非常反對這個專利申請計畫。NIH，作為世界上最有名的學術機構，始終堅持這個專案，最後直接導致華生辭職。

幸運的是，美國最高法院於二〇一三年規定基因不能專利化。

接下來的數十年裡，華生和凡特在基因研究領域開始了激烈的競爭。華生是大眾主導的人類基因組計畫的負責人，凡特是私人機構主導的人類基因組計畫的負責人。大眾主導方決定，將按照百慕達原則（Bermuda Principles）[5]，基因序列資料在得到基因芯片結果之後

---

(5) 百慕達原則：平等、免費、分享。

的二十四小時內公布。凡特的公司則希望使用者為獲取
相關資料支付一定的費用，並且希望為新發現的基因申
請專利。為了解決這個問題，華生不斷提高大眾主導方
的基因定序（DNA sequencing）能力，最後，兩方都在
大致相同的時間完成了人類基因組定序。

在科學領域，將基因資訊公共化很有必要，而且
值得讚許。「公共財富」這個詞在基因研究領域並不
陌生，目前有一項研究就叫「基因組資料公共財富」。
這是美國國家癌症研究所和芝加哥大學合作建立的一
個公布序列與相關臨床訊息的入口網站。不過，我們應
該明白，這只解決了小部分的問題。

資料可以免費獲取，基因不存在智慧財產權，這樣
科學研究才能暢通無阻。目前我們對自身基因組所知甚
少，保證這一點很重要。但是放眼未來，基因還是很有
可能會被開發成商業資源。雖然之前取得了勝利，但是
爭論遠沒有結束。

守護公共財富

大多數人可能都不了解自身的基因組，那麼未來是否會出現一種醫療服務，醫生可以根據患者的基因序列來預測基因突變（mutation）與健康之間的關係？換句話說，自身基因組及其作用是屬於公民權利，還是應該交給醫院和政府監管，等時機合適了再告知當事人？

看了前文之後，你們顯然可以判斷出我認同前者（遮遮掩掩和耍小聰明從來就不是我的強項）。倒不是說監管沒有用。確保基因定序的合理性和準確度並不會妨礙個人的自由，也不會破壞基因組公共財富。而且監管舉措還有助於打擊未經證實的醫療炒作。但是，目前醫療和監管部門所做的遠遠不夠。為了人類的幸福，FDA（美國食品藥品監督管理局）一直充當著公共財富的守衛者角色。

展望未來，雖然最高法院規定基因不能專利化，但並不代表基因的改變不能專利化。目前正處於編輯個人基因的風口之上，與高薪工作要求高學歷一樣，為了獲得某種工作和夢寐以求的生活方式，個人基因編輯技術也是必要的。

　　試想：面前站著一個「正常人」和一個基因被優化過的人，你會選誰？誰會願意和看似健康實則攜帶了某種疾病基因的人結婚？這可能會遺傳給你的小孩！因此，那些基因公司依舊想持有對基因公共財富的控制權。

　　現在這一切都還不明朗，也沒有必要指責可憐的亨利國王，怪他沒有設立基因組憲章。因為當時時機還不夠成熟。

　　在百慕達公約和遺傳資料公共財富這些協定的幫助下，我們目前還擁有基因組公共財富，不需要借助憲章的強制力量來追回。首先，我的拉丁文挺爛的，如果要我把全基因組關聯分析或者轉化遺傳學翻譯成拉丁文，過程大概會很有困難；其次，亨利三世已經作古，還能找誰簽署基因憲章？這是專利、人權、倫理的問題，還是三者兼而有之呢？

　　目前來說，最好的辦法就是：把基因組看作人類的公共財富，不允許任何人把它占為己有！

2.2　如何規範基因編輯技術的應用

科幻小說家來幫忙！

跳出龐尼特方格（Punnett square）[6] 的圈！

幾乎可以肯定上面這些事情某一天都會發生：

二〇三五年，繪兒樂 [7] 針對被基因編輯（genome

---

(6)　龐尼特方格：龐氏方格，又稱為棋盤法，用於預測雜交結果的常用圖解。

(7)　繪兒樂：英文為 Crayola，美國畫筆品牌，創建於一九〇三年，由美國 Binney&Smith 公司生產，迄今已有百年歷史。憑著精益求精、不斷創新的專業精神，繪兒樂已成為顏色、歡樂、品質、安全及創意的代名詞，備受全球美術老師及家長推崇。

editing）過的兒童推出了新款畫筆，使這種兒童可以看見四種基本色，而不是一般情況下的三種。雖然世界反運動禁藥機構（WADA）一開始禁止所有運動員服用任何形式的基因禁藥，但是現在，基因編輯改善人體健康狀況的現象已經相當普遍了，WADA 不得不重新修訂反運動禁藥條款，允許運動員妥善處理「自然發生的基因突變」。用於軍事用途的「智慧狗」引起了不少法律訴訟，二〇一六年還鬧上了最高法院。以原告的身分獲得一張人身保護令之後，智慧狗終於擁有了獨立人格。

在另一個案件中，可激發認知潛能的一套基因編輯產品被納入基礎醫療程序，將由美國國民健康服務系統免費提供。令人欣慰的是，二〇一六年美國境內的信鴿數量達到了一百萬隻。這種鳥在二十世紀初滅絕，後來使用一系列大規模的基因編輯才得以挽救；同樣地，借助小群基因得到拯救的猛　象，現在在冰河國家公園[8]過著舒舒服服的日子……

只是，預測當下會發生什麼已經很難了，更別說

---

(8)　冰河國家公園：建於一九一〇年，位於美國蒙大拿州北部，與加拿大的英屬哥倫比亞省和亞伯達省接壤，由多山的湖區組成。

二十年之後的事情了，有時候，我甚至都不確定昨天發生了些什麼事情。不過，最近基因學界對於需不需要確立基因編輯使用規範的討論很熱烈。之前也說過，基因編輯技術的出現會使修改胚胎基因更加簡單，這樣就有助於對人類進行設計。對於這項技術可能產生什麼影響的討論很早就出現了，當時也談論以如何使用這項技術的大致規範。目前學界取得的共識是：對人體運用該技術之前，必須確保該技術足夠安全，必須明確對接受者可能產生的利弊，並且確保可以適當調節。

　　目前跟基因編輯相關的討論，主要圍繞接受者的安全問題展開，基因編輯技術是否可以確保接受者不會出現意料之外的情況？大多數人認為目前還不具備對人體應用這項技術的條件，特別是對胚胎的應用。也就是修改胚胎，這樣長大之後，每個細胞都會攜帶特定的變異基因。儘管存在擔憂，但是也有人希望該技術能夠盡快投入應用，至少可以先用於修復致命疾病的遺傳變異。

　　然而，從使用該技術修復血紅素變異基因，從而預防新生兒患上鐮刀型紅血球疾病（Sickle-cell disease,

SCD）[9]，到使用該技術去修復與老年人心臟疾病相關的基因突變，去修復與高智商無關的基因突變，還有很長的路要走。舉個例子，假設某個倫理委員會通過了基因編輯技術的應用，那麼實現修復與高智商無關的基因突變的速度就可能超過我們的預期，不管是因為什麼而使用了該技術，其衍生產品很快就會接踵而至。

因為不知道未來將面臨何種選擇，所以很難為一項新技術制定倫理規範。這就使得討論基因編輯的倫理問題非常困難。在保證新生兒出生的時候不會得某種疾病方面，使用基因編輯技術對社會可能產生的潛在負面影響很小，反而會帶給新生兒極大的好處。更有人表示，對新生兒應用該技術對技術本身來說也是極大的進步。但如果出現了其他的應用方式，我們又該怎麼辦呢？如果一項技術能夠使一個孩子比普通孩子更聰明、更好看、更健康，那麼這就跟預防疾病的基因編輯技術完全不是一回事了。特別是只有少數人能夠承擔基因編輯的高昂花費時，就更有可能出現這種情況，而且事實也會

---

(9) 鐮刀型紅血球疾病：一種遺傳性疾病，是異常血紅素 S（HbS）所致的血液病，因紅血球呈鐮刀狀而得名。

朝著這個方向發展。

目前不存在的選擇可能帶來哪些倫理問題？應該怎麼評判？有沒有必要思考這個問題呢？過度的監管會阻礙創新進程，但是如果監管不嚴又容易出現技術凌駕於社會之上的情況。一八六五年，英國議會頒布了《機動車道路法案》，規定「機動車」（也就是現在的汽車）必須遵守以下規定：

（1）該機動車的駕駛員和管理者至少有三位。

（2）在機動車行駛之前，其中一人應該先步行至離機動車六十碼（一碼 =0.9144 公尺）的距離，連續揮舞一面紅旗，以警示馬車乘客和馬車司機後方有機動車駛來，並提醒司機在必要的時候及時停車；應該協助馬車司機、馬車所裝載的貨物等等。

而且還對速度作了如下限制：⋯⋯在收費高速公路和公共高速公路上駕駛該機動車不得超過四英里／時，在市區、城鎮或鄉村通行時，速度不得超過兩英里／時。如果能夠去到郊區，把車速飆到四英里／時，那種感覺肯定很爽。該法案一直到一八九六年才被修訂，一部分原因正是由於汽車的盛行，所以才有了現在的道

路法案。

　　一開始看的時候，會以為廢除道路法法案很簡單，就像是技術恐慌者的消極反抗，就像是鐵道局扼殺創新的陰謀。畢竟，盧德派（Luddite）燒燬工廠的事情才過去五十年。另外，法案裡提到的交通工具並不完全等同於現在的汽車。

　　放鬆這些反汽車的規定最終可以提升經濟效率，但是這樣也就意味著把人使用道路的權利移交給了汽車。現在的都市也更像是為汽車設計的，而不是為人設計的。如果沒有合理的規範，人們只能被迫去適應技術的發展，而不是在合適的情況下自主使用它。

　　除了少數艾茵 · 蘭德 [10] 的擁護者，幾乎沒有人會質疑把新技術納入監管的必要性。然而，從首次版本機動車法案出現到修正案的推出，中間相隔三十年的時間，由此可見，技術的發展速度往往高於監管法案的更新速度。在不知道新技術會如何發展的情況下，怎麼制

---

(10) 艾茵 · 蘭德：Ayn Rand，俄裔美國哲學家、小說家。她的哲學理論和小說開創了客觀主義哲學運動，強調個人主義的概念、理性的利己主義（「理性的私利」）以及澈底自由放任的市場經濟。

定合理的規定，怎麼制定倫理規範呢？

　　現在想像反烏托邦的基因編輯場景很簡單，很有趣，但是可能意義不大。

　　在本章節章首，我介紹了一些基因編輯技術應用的例子，這些基本編輯技術應用不會造成破壞，說不定還挺有趣。不過也不難想像，日後有人會抱著卑鄙的意圖使用更加複雜的技術。如果父母不是為了修正致命的疾病基因、選擇明顯有利的性狀，只是為了讓孩子更符合自己的審美，這個時候我們應該怎麼辦呢？

　　大眼睛、漫畫人物般的外表、克林貢人的外貌、全身長滿毛髮加條小尾巴看上去也挺酷炫，如果可以實現的話，應該也有人會喜歡的。如果出現了那種專門竊取攜帶明星基因的東西（如頭髮），然後向父母售賣「小布萊德彼特」的公司，我們應該怎麼辦？恐怖分子可能會製造出某種變異的天花病毒，然後使用基因驅動技術把所有的蚊子都變成載體。在農業領域，傳統的育種方法實際上就是基因的大規模隨機分配，這是違法的。研發新作物品種時，也只能把列入白名單的少數品種作為基因編輯對象，而且新作物還必須經過隨機的臨床安

全檢測，並且明確列出所有被修改過的基因。

　　往這張列表上添加新的內容很容易（也很有趣），我可以每天做。但是這個列表可能沒有考慮到我們必然要面對的現實情況，還有沒有更好的方式？有時候駭客也是檢查電腦網路和伺服器安全的一大助手，所以你應該也可以想出一個類似的「黑帽子」（black-hat）[11] 辦法。其實很簡單：一些心理變態的人會接受基因工程的技術訓練，然後對他們進行監控，看這種基因編輯的影響會在他們體內存留多長時間。算了，這可能是個爛點子。

　　讓科幻小說家參與討論似乎是個更安全、更有趣的方法。不過前面提到的那些情況都是他們所不了解的，這倒是個問題。我們可以設想出無數個應用基因編輯的方式，每一個都十分可怕。不過，更有趣也更實用的是，弄清楚為什麼某些人會想要做特定的修改，以及後續會發生什麼。直白地說，我們希望看到跟基因編輯相關的小說或者故事。

---

(11) 黑帽子：通常是指搜尋引擎上一種不被認可的靠添加自定義項獲取更多搜尋流量的技術。

　　基因技術的不當使用有個最常見的比喻，就是設計超級士兵（supersoldier）。邪惡的政府祕密打造了一批加強版的菁英戰士，能夠超越正常人的極限程度。這樣的電影結局一般都不好。那麼在基因編輯的應用規範裡加上「不允許打造超級士兵」這一條就夠了嗎？政府真的會利用基因編輯來打造超級士兵嗎？你要是仔細想想，你也會覺得恐怖。這個項目會不會奏效，可能得等到二十年之後才會知道，雖然基因編輯可以讓兒童某些方面超越常人，但是應該沒人會把自己的孩子送去當試驗品。

　　對防彈衣和分段式電漿步槍加大投入可能更簡單直接，成本也更低，效果來得也更快。完全不用士兵作戰可能是最省錢的，只是現在還沒法實現。難道我們現在就可以這樣忽略出現超級士兵的可能性了嗎？

　　讓科幻小說作家參與制定基因編輯應用規範可能會有一些問題，但是他們的加入會讓了解基因編輯技術的過程像看小說一樣有趣。

　　對於科幻小說家來說，圍繞基因改良版超級士兵這個主題可能寫不出什麼精彩的故事。不過，他們還是可

以想出一個合理的故事背景。這裡有一段關於超級士兵的故事摘要：現在是二〇二五年，美國政府擔心中國會將超級士兵項目提上日程。很多電影裡都出現過這樣的場景，特別是現在推出的一些大片裡，以至於不少國家首腦都開始思考自己是不是真的看到過相關的情報。

美國軍事實力和技術水準仍遠高於中國，但是美國政府還是擔心中國執行超級士兵項目可能引起民眾的心理恐慌。如果面前站著的是明顯更強壯的超級士兵，美國士兵還會覺得自己無往不勝嗎？因此，美國已經出現某種趨勢，越來越多的富裕家庭傾向於替自己的後代做昂貴的基因編輯，一般的家庭則難以承擔這筆費用。有人擔心這會導致永久的基因階級差異。

雖然自由黨因為譴責太平洋衝突而獲得了執政大權，也承諾會終止美國的軍國主義，但是他們逐漸開始計劃超級士兵項目。政府會利用基因編輯技術替兒童安裝超級士兵外掛程式（強化反應能力、力量、耐力和夜間視力，還注入一系列的酶來代謝降低睡眠需求和疼痛感的藥物，其他的尚不能公開），以換取五年的服役時間，同時還會經過一系列的編輯刪除所有已知的跟疾病

相關的變異基因，與提高智商相關的變異基因也會被刪除。這是一個軍事和社會雙贏的解決方案。

二十年之後的結果是：

A. 超級士兵發起軍事政變占領了美國，公民服役的概念不再流行了；

B. 超級士兵根本就是一大災難，因為所有的士兵接受的都是一模一樣的智力基因突變，所以他們的行為模式很容易找到規律，也很容易被攻破；

C. 超級士兵完成任務之後沒法被社會所接納，於是就在一個島上建了一個收納所（我敢肯定我以前搭飛機的時候看過類似電影）；

D. 一切進展順利，事實證明這是不錯的點子。

我們可以看出兩個觀點。一是打造超級士兵是個爛點子；二是推動這項技術發展的關鍵因素不是為了提升戰士的戰鬥力，而是為了為社會大眾提供有益的基因編輯，從而避免社會因為基因的差異而產生階級制度。

小說可以讓我們了解與內在自我相關的主體，關於基因編輯的小說則可以揭露其倫理困境的真實原因所

在。

　　當然，科幻小說早就涉及了基因技術導致社會分層的主題。從赫胥黎的《美麗新世界》、大衛・布林的《提升》系列，到電影《千鈞一髮》，一般來看，這都不算一件好事。在技術造成分層的社會推廣基因編輯技術可能帶來的問題可想而知。例如，過度的審美變化，卡通人物的大眼睛和毛髮，也可能會因此出現。小說的線索：泰利爾公司研發出一系列提高智商的基因編輯產品。因為 Google 基因和波多黎各當局在二〇二五年規定基因編輯不能申請專利，所以泰利爾的基因編輯產品只能私下買賣，而且非常貴。

　　初為人父母的人會巧妙地炫耀自家孩子的額頭有多寬闊，好像他們因此就勝人一籌了。至少，在那些能承擔基因編輯的人之中是這樣的。為了不落後於基因編輯的潮流，相對沒那麼富裕的父母則會選擇便宜得多的基因編輯產品。他們的口頭禪就是「我不買『伏爾泰』和『哥白尼』套餐不一定是因為我買不起，只是因為我在努力改變自己的生活方式。等你出了問題就會明白了」。

　　我們需要對公眾普及免費的基因編輯從而把超級
士兵項目扼殺在搖籃裡，需要阻止父母根據明星或者動
漫人物的樣子來改造自家孩子，但這兩個故事的重點並
不在此。更深刻的問題是，我們需要跳出一般的科學思
維框架，思考這種技術會帶給人類什麼影響，以及我
們為什麼需要這種影響。雖然會出現各種難題，但是
我們還是需要讓更多的人參與到制定基因編輯使用規
範的過程中來。在這些人中，遺傳學家是必不可少的，
因為他們了解基因編輯技術及其利弊。生物倫理學家則
可以構思怎麼使基因編輯在發展的過程中對社會負責
的問題。但是科幻小說家也不能少。並不只是為了想出
基因編輯技術的奇怪用途（不過說真的，他們很擅長這
樣想），更重要的是，把基因編輯技術寫進小說裡。

　　小說是我們如何理解生活的寫照，反過來，我們的
小說能夠更好解讀自己。但是這裡提到的小說並不僅是
用來尋求生活意義，而且是為了塑造自我。小說可以把
人的內心世界與外部的物質世界連接起來。讓科幻小說
家參與基因工程諮詢小組，這樣他們就可以把這種新技
術以故事的形式納入我們的生活情境之中。德意志浪漫

主義詩人諾瓦利斯曾說過，「內心世界與外部世界的碰撞之處便是靈魂所在。」一旦實現了基因編輯技術與人類靈魂的連接，怎麼應用和發展它自然而然就明瞭了。與其想像出一系列應該避免的糟糕情況，倒不如讓小說家來幫幫忙，說不定他們可以幫助我們更好地了解自己，更好地了解基因編輯技術的意義。

　　而且，你還可以把自己在會議上所學到的點子賣給好萊塢電影公司。說不定布萊德 ‧ 彼特會出演呢！

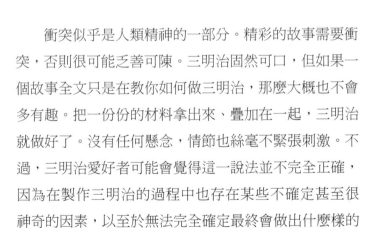

2.3 基因終結衝突，世界和平

　　衝突似乎是人類精神的一部分。精彩的故事需要衝突，否則很可能乏善可陳。三明治固然可口，但如果一個故事全文只是在教你如何做三明治，那麼大概也不會多有趣。把一份份的材料拿出來、疊加在一起，三明治就做好了。沒有任何懸念，情節也絲毫不緊張刺激。不過，三明治愛好者可能會覺得這一說法並不完全正確，因為在製作三明治的過程中也存在某些不確定甚至很神奇的因素，以至於無法完全確定最終會做出什麼樣的三明治。儘管如此，這也無法說明「做三明治」會成為

熱門小說的主題。但是如果我去廚房做三明治的時候正好發現我兒子準備拿走最後兩片麵包，這個時候故事就有趣多了。

就算故事中沒有衝突，閱讀的時候為了增加趣味性，讀者也可以自己代入衝突。比如，有一本暢銷書，衝突貫穿全書始終，開頭卻是一篇看似沒有衝突的故事。「上帝開天闢地之初，大地沒有形狀，空蕩荒蕪；黑暗駕凌深淵之上。」這看似只是對史前生活環境和狀況的大致描述，但是，我從這篇故事中卻讀出了衝突，讀到了秩序和混沌之間、有與無之間的張力。這跟做「三明治」的故事很像，只不過下的賭注更大一些。不管是不是摩西有意為之，衝突的確是存在的。

跟衝突類似，把人劃分成「我方」和「他方」也不一定是一個精彩的故事所不可或缺的，雖然這樣做的確有幫助。

還有一常見的故事元素，就是弄清楚故事中哪些是好人，哪些是壞人。除了湯姆・克蘭西 [12] 的作品及與

---

(12) 湯姆・克蘭西：Tom clancy，美國軍事作家，當今世界最暢銷的反恐驚悚小說大師，一九四七年生於美國馬里蘭州巴爾的摩。代表作《獵

之類似的作品之外，現代文學作品可能會明確區分故事中的我方與他方，但都不會簡單定義故事人物的好與壞。即使是平凡的主角，像《麥田捕手》中的霍頓·考爾菲德、死侍和《螢火蟲》中的傑恩，很明顯，這些人是「我方」的一員，這些人站在我們這邊。這些人所反感的則是「他方」。

　　對一個好故事而言，好與壞、我方與他方、大眾與其他人的區分並沒有衝突重要，但是如果沒有這一區分，為了讓讀者明白應該支持誰，作者可能就得大費周章了。雖然不是故事必需的，但是從某種程度上來說，這符合絕大多數人的世界觀。寇特·馮內果 [13] 就記錄了他在寫作的過程中避免這一故事元素的經歷。

殺紅色十月號》、《恐懼的總和》、《縱橫諜海》等。

(13) 寇特·馮內果（Kurt Vonnegut，1922—2007）：美國黑色幽默作家，美國黑色幽默文學的代表人物之一。以喜劇形式表現悲劇內容，在災難、荒誕、絕望面前發出笑聲。這種「黑色幽默」風格始終是馮內果小說創作的重要特質。其代表作《第五號屠宰場》、《貓的搖籃》抓住了他身處時代的情緒，並激發了一代人的想像。晚年馮內果在曼哈頓和紐約長島的田園裡頤養天年。二〇〇七年四月十一日，因病在曼哈頓逝世。

「第二次世界大戰之後，我在芝加哥大學學習了一段時間的人類學。他們當時教導我們人與人是完全相同的。他們現在可能還是這樣教的。」

「他們還教我們，沒人是愚蠢的、壞心眼的或者噁心的。我父親臨終之前對我說：『你知道嗎？你的故事裡一個壞人都沒有。』」

我告訴他：「這就是我在戰後的大學裡學到的。」

雖然區分「我方」和「他方」是一種常見的寫作需求，但是在如何定義這兩個群體上仍然存在大量的分歧。國籍是一種普遍的標準。必要的時候，衣品也可以算是一種標準。宗教和種族過去也曾是一種可靠的區分方式。當然還有許多其他的標準。一般而言，我們認為好人總是跟權力掛鉤，不過這一觀念漸漸被人遺忘了。近五十年來，有關人們對於其他種族或者宗教族群的熱情程度的調查顯示，這種對我方群體成員與他方群體成員的熱情程度之間的差異正在穩步下降。

說不定是一九七〇年代可口可樂的廣告歌《世界歡樂頌》起了作用。

　　雖然我們棄用了區分「其他人」的標籤，但是我們並沒有放棄將其他人排除自己圈子之外的一種內在需求。

　　實際上，調查還顯示：人們對不同政治黨派成員的仇視程度倒是有所上升。在最近的一項調查中，參與者被要求對獎學金申請進行評估。不管是民主黨還是共和黨，絕大多數參與者都傾向於給身為該黨派一分子的學生發獎學金，即使另一黨派的獎學金申請者學分更高。種族也有影響，但是相對較小。這一調查結果著實令人吃驚。雖然某些獎學金申請者的學分更高，但是我們仍然傾向於選擇那些會跟我們投出相同選票的申請者。考慮到大多數學生對投票一事根本不上心，所以這個評估過程本身就是有問題的。

　　我們現在開始摒棄一些傳統的區分「我方」與「他方」的方法，但是我們的政黨偏好逐漸成為區分白人和非白人的一種新方式。

　　這項研究還調查了人的政治觀點是否會影響其判斷。透過使用隱式偏差測試，他們發現來自美國的參與者對政治的偏重程度遠勝於對種族的偏重程度。研究人

員覺得這個結果令人十分震驚。「普遍的觀點是大多數美國人都不關心政治，」該研究的作者如此評論道，「他們不了解政治，他們也不了解政策。所以也就不指望美國人會有強烈的政治偏好了。這也是我開展研究的起點。」

這項研究的參與者肯定不是不關心政治的，若干調查結果顯示這種偏差正在不斷成長並擴散。一九六〇年，5％的共和黨人和民主黨人對於其子女「跨黨派」的婚姻感到「有點沮喪」或「非常沮喪」。到了二〇〇八年，這一數字成長到20％。到了二〇一〇年，差不多50％的共和黨人（30％的民主黨人）反對其子女「跨黨派」結婚。來自英國的參與者也被問了一個類似的問題，只不過換成了保守黨和工黨，也表現出了類似的、但不明顯的趨勢。

這就有點像是翹翹板，一種帶有偏見的標籤重要性下降；另一種標籤的重要性就會上升。或許我們還沒有準備好過上烏托邦的生活，因為我們的社會似乎跟小說一樣存在一種對衝突的內在需求。在決定誰是敵是友的時候，如果我們撇開對宗教、種族、性別或性別偏好

等因素，就會被迫使用另一種標準來把人們劃分進「其他人」群體，這樣群體內外的人數就會維持在一個恆定的平均值。這可能有助於武器銷售的繁榮，卻不利於實現世界的和平。但是把人們劃分出我方群體真的是一種不變的需求嗎？對此我們有沒有選擇呢？

群體外的人員數量真的有必要維持在恆定的平均值嗎？

除非善惡之間的平衡是宇宙內在的一部分，否則就沒有必要將一定數量的人劃分進壞人的群體，與好人群體對立。為什麼這看上去是一個恆量呢？答案可能跟生物有關。一方面來自社會行為的流行，我們發現，人類複雜行為的形成過程中，基礎生物因素和人為因素所起的作用相當。從細菌（可以透過參與「群體感應」來協調部分行為）、植物（可以透過菌根網路等方式相互交流）到動物，所有的生物中都存在交際的現象。幾乎所有生物都是一個社會有機體，生物學對人類的社會行為具有關鍵性作用這一觀點是不可否認的。因此，決定哪些人以及多少人可以進入群體內的過程其實可能就是人類物理組成的固有部分。

　　研究發現，人類的行為與其自身的基因有關聯。雖然我們總以為自己處於理性的控制之下，但是基因在人類複雜的社會行為中扮演著重要角色也絲毫不奇怪。如果先人把遺傳變異性當作決定群體成員的標準，其壓力可想而知。在某些情況下，對其他群體持開放態度是有利的，例如，在資源豐富的情況下，不同群體之間相互分享就對狩獵和擇偶有利。如果情況相反，資源有限，那麼形成一個更為團結、主要基於親屬關係的群體可能更有利於進化。雖然邏輯的假設經常與之相悖，但是相比於自己的鄰居，你的確會更樂意把錢借給自己的親姐夫。

　　換句話說，有時候弱化「我方」的界線比較好，有時候則是規則越嚴格越好。

　　這些遺傳決定因素可以定義「我方」群體，而且可能還可以確定這一群體的規模。影響我們風險敏感度的遺傳變異因素，如何確定「群體內」和「群體外」人員，我們對所在群體團結程度的偏好，這些在決定誰進入所在群體的過程中都是十分重要的因素。

　　人類的基因構成可能決定著其政治傾向以及「排除

異己」的方式。

　　以上是一個假設的故事，是一個沒有真實證據、聽起來可行的解釋，但是越來越多的證明表示群體偏好的確會受到基因的影響。辨別基因和環境影響大小時常見的辦法是雙胞胎實驗，其中我們可以在同卵雙胞胎而不是異卵雙胞胎中發現大量相同的性狀。最近有一項研究就採用了這一方式，發現基因與群體內偏好之間存在十分密切的聯繫，這似乎與遺傳因素對傳統主義和專制主義支持者的影響不謀而合。另一項研究在使用雙胞胎研究的方式之外還參照了家庭關係這一因素，這就使得參與研究的人數大大增加，該研究也發現了基因與許多政治和社會態度或偏好之間的密切聯繫。

　　基因具體如何影響我們的政治偏好以及對群體的劃分，這一點尚不清晰。這項家庭研究中發現了基因與政治傾向，對死刑、同性戀權利和資本主義的態度之間的密切聯繫。

　　在人類進化的過程中，這些因素顯然不會被考慮其中，但是對靈長類的野外調查也很可能缺少了靈活性。有可能我們的基因幫助定義了我們對社會行為的大致

態度和我們區分群體內外成員的標準。

有些人的基因促使其更傾向於維持我們的文化規範，有些人則樂意接受改變。反過來，這些因素也有助於決定我們的具體態度，例如政治傾向。

顯而易見，這些因素可以以複雜的方式相互影響。有些人的基因就決定了他更傾向於去反對社會規範，因此更容易做出所謂的危險或不尋常的舉動。在許多企業家和有「左」傾政治傾向的人中都發現了這一性狀。

但是如果一個人透過這些危險的行為獲得了成功，那麼他可能會因此形成符合社會規範的態度，因為此時不太可能發生太大的變化，他們的財富也就更有保證了。那些最初群體外且帶有「左」傾傾向的企業家因此發了大財，老而古怪，現在都變成了群體內且偏保守的人。除非你住在加州，也就是說你現在是一名風險投資人，你新增加的財富正在向群體外回流，而你仍然以左派的立場投票。現在討論的重點不在於基因是人們政治和個人態度的全部決定因素，而在於基因是人類複雜行為過程中的一大重要推動因素。

舉個例子，據觀察發現多巴胺 D4 受體基因的突變

是影響這些行為的重要因素。多巴胺是一種參與大腦多方面功能活動的神經傳遞物，其中包括風險決策。若干研究已經顯示，該基因與人們接受風險的能力和好奇心理有關，當然也還跟人們的政治態度有關。有一項研究對一千五百多名大學生進行了調查，結果發現攜帶兩個複製的特定多巴胺 D4 受體突變基因的女性明顯更為保守。另一項研究透過對全基因組進行分析發現了相似的現象，除此之外還發現了許多與政治偏好有關的基因。這些受體在大腦記憶和發育的過程中扮演著重要的角色。幫助人們區分群體內外成員的基因總數無法計算，在塑造政治態度方面也難以確定特定基因的角色和作用。然而，影響人在群體內或群體外是否覺得舒適的基因已經被發現了。

　　所以這都意味著什麼？生物性動機可以幫助我們定義和使用「我方與他方」二分法，幫助我們劃分群體內和群體外的人。這一劃分族群的內在動機可以確保我們的生活中不會缺乏衝突。當然我們在這些群體中會作出清醒、理智的決定，但是我們的生理特徵決定了我們的偏好，這種偏好不容改變，也塑造了我們的政治態

度。那些更樂意面對社會規範變化的人似乎更傾向於站在民主黨（或工黨）的一邊，而那些樂意維持社會規範的人則可能會站在共和黨或保守黨的一邊。倒不是說左翼的政治群體中不會出現群體外的人員，左翼和右翼群體內部肯定也存在「我方與他方」的陣營，只是劃分群體內外人員的標準不一樣。而且沒有人是只存在於一個群體之內或一個群體之外的，每個人都存在於許多群體之中，其中一些可能存在複雜的重合現象。伯尼 ・ 桑德斯[14] 的支持者和所有參加過高中幫派的人都了解這一點。

遺傳學可以引導我們走向極樂世界，結束政治紛爭嗎？可能不行，但是它至少可以指出大概的方向。

了解遺傳學是否能帶領我們走出這一先天的衝

---

(14) 伯納德（伯尼）・ 桑德斯 [Bernard（Bernie）Sanders]：一九四一年九月八日生，代表美國佛蒙特州的聯邦參議員，也曾任代表該州的聯邦眾議員。桑德斯是一位民主社會主義者，也是美國歷史上第一名信奉社會主義的參議員，亦是近年少數成功進入聯邦公職的社會主義者，但並不屬任何政黨，故以獨立人士身分出現在選票上。但他加入民主黨黨團運作，故在委員會編排方面被算作民主黨一員。二○一五年四月三十日，桑德斯正式宣布以民主黨人身分參加二○一六年美國總統大選。

突？不能，但是了解人們政治態度的生物性基礎或許可以彌合政治分歧。遺傳學可以從以下兩個方面提供幫助。

其一，我們認識到人們進行群體內外區分部分源於生物性動機，不完全是自身理性的結果，明白這一點可能會有所幫助。然而遺傳學還顯示，當我們想吃更多的洋芋片時，更多的是因為穴居人高脂肪等於高營養的生物學理論，而不是因為對自身熱量的實際需求作出了理性的評估，而且這種評估並不會阻止我們吃更多的洋芋片，因為對抗生物的基本動機很難。

其二，雖然我們在接受多樣性方面取得了很大的進展，但是顯然還有很多工作仍未完成。雖然我們現在明白了在種族和性別的基礎上是沒有任何正義與利益可言的，但是我覺得我們多了解生命各方面的生物學和遺傳學基礎還是有所幫助的。我們現在明白了，除了外貌之外，人基本上是一樣的。我們可能膚色各異，但這只是部分基因的差異導致的。類似地，我們選擇政治黨派的時候可能比選擇性別的時候擁有更多的自由，但是卻不一定比得上選擇性取向的自由。從某種程度上說，

我們的左翼或者右翼傾向是天生的。

在這裡，我希望基因能夠幫助我們對政治分歧有更多的理解和同情心。政治有時候是非常私人的東西。前面提到的研究顯示，我們偏左翼或者偏右翼的選擇與我們個人的性狀和感知存在密切的聯繫。得知自己作出了錯誤的選擇簡直就是朝著自己的心窩打了一拳。然而遺傳學現在告訴我們這些態度是不受我們自己控制的，是人類進化歷史過程中的一部分。生物學決定的性狀有助於確定我們所擁護的政治黨派，不管我們樂於接受改變還是希望維持社會規範的穩定，二者在不同的情況下都具備選擇性的優勢。我們對於社會中的各種情緒包容力更強，而不是對持不同意見的人起殺心。接受這種多樣性不僅是理性的，而且還會讓這個世界變得更加美好。

小說故事中有衝突是好的，可以作為區分人物角色好壞的標籤。畢竟，在播第一則廣告之前，你只有一兩分鐘的時間去吸引他的注意力。但是正如寇特‧馮內果所說，學校並不會教這種東西，而且他的故事沒有壞人也照樣很精彩。更重要的是，生活跟科幻小說不一樣，在真實的世界中，我們需要更好地處理這些分歧。遺傳

學可以幫助我們彌合這種分歧嗎？它應該可以。我們劃分群體內外人員的動機理解為遺傳學和進化史的反映，那些政治上與我們觀點不一致的人也是因為受到了基礎遺傳學因素的影響，意識到這一點可能會讓我們的選擇相對和諧得多。

為了將「製作三明治」的故事打造成一類被接受的小說流派，我們是否能夠放棄對衝突的需求？對此我不太確定。

第三章　基因紀聞

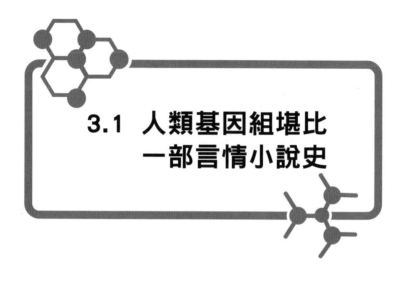

3.1 人類基因組堪比一部言情小說史

　　現代的言情小說都有一個重要的特點：矛盾對立。相愛的兩個人如果一方富可敵國，另一方就會窮得叮噹響；如果一方來自北方，另一方就來自南方；如果一方形象氣質好，另一方就會灰頭土臉。家人反對，被迫祕戀，然後又因各種機緣巧合被發現。這種小說的書名往往是這樣的：高冷的吾皇，霸道總裁愛上我，或者早期現代人流向穴居人的古老基因（人類基因組題材的小說可能沒那麼浪漫，但劇情還是很精彩）。

遺傳學禁戀

　　《自然》雜誌剛發表了禁戀的後續故事，講述了約十萬年的浪漫，感人肺腑。雖然這篇文章的主要內容是遺傳學和統計學，但也和其他言情小說一樣深入探討了愛情中的矛盾與對立。

　　當然，在遺傳學故事中，對立的主要因素還是基因的差異。

　　女僕和貴婦搶男人，這才像是言情小說的標準戲碼，對吧？但是遺傳學必須重點關注人類基因的差異。雖然很多基因序列還需要使用 Illumina Miseq（一種定序儀器）定序，但是現在已知的基因突變位點也不少。本書現在討論的則是一種粒線體基因，這種基因往往被用於分析不同群體之間的關係。粒線體基因突變對人體生理特徵影響不大，但是透過分析不同群體之間的粒線體基因突變，我們就可以了解到人類在不同時期的遷徙方式。

　　當然也有一些基因差異比粒線體基因突變更為顯而易見。例如：高矮的差異，膚色深淺的差異，額頭與

眉骨形狀的差異。不過，如果兩個人真心相愛，即便是在五萬年前，這些差異也算不上任何障礙，科學可以證明這一點。

現如今，不少人認為不同民族、部落和宗教派別之間充斥著不可調和的分歧，可能會帶來種種危險。

啊，

東方是東方，

西方是西方，

兩者永不相遇，

直到大地和天空同時站在上帝的審判台前。

五千年前，地球上有三大主要的人類物種，即現代人、穴居人和最近才發現的丹尼索瓦人（丹尼索瓦人與穴居人的關係更為緊密），這三大人種彼此差異較大，與之相比，東西方差異根本不算什麼。

然而，對以上三類人種的基因組進行研究分析之後，科學家還是無法解釋其中的所有差異，也就是說，當時可能還存在至少一種其他的主要人種，或者尚未被發現的人類亞種。

我們共同生活在這個地球上，如果僅僅用「共存」一詞來描述這種狀態，未免有點不恰當。一直以來，我們都認為不同群體之間主要以作戰的方式進行交流，然而最新的遺傳學證據促使我們去重新審視這種「共存」的本質。

Thag ／ Malcolm ／ Brad 的故事

早前有人認為：大約二十萬年前，現代人類與穴居人在非洲分道揚鑣。一個穴居人，貌似叫 Thag（穴居人最常用的名字就是 Thag 和 Grog），他的鄰居 Malcolm，是個現代人。後來 Thag 離開非洲北上去了歐洲。

離兩人生活年代最近的共同祖先是 N 代前的曾祖母 Krog，生活在大約十萬年前（他們在非洲大草原上是鄰居，但是我們現在假設他們並不經常見面）。Malcolm 和 Thag 分開十五萬年之後，現代人 Malcolm 的孫子 Brad 也離開了非洲。Brad 在歐洲找到了 Thag 的孫子，還幹掉了他，人類因此少了一個亞種。

　　然而，遺傳學改寫了這個故事結局。將穴居人的基因組定序結果與當代人類的基因組進行對比的結果表明，當代人類雖然是現代人的後裔，卻攜帶了穴居人的 DNA。

　　一般歐洲人體內大約有 2.7% 的基因來源於穴居人（我的是 2.4%）。由此可見這個故事不能按照之前設定的結局發展，得改寫成這樣：現代人 Brad 在 Thag 之後也離開了非洲，Brad 到達歐洲之後，並沒有立即殺掉 Thag，而是先娶了 Thag 的孫女，然後再幹掉了 Thag 的孫子。

相愛相殺　物種融合

　　雖然聽著有點殘忍，但是這就是愛情啊！有些人可能會覺得不同種族之間的結合很荒謬，但要是穴居人就這樣被幹掉了，也太搞笑了。

　　穴居人和現代人之間固然存在差異，但是這種差異不會影響兩個人相愛。穴居人大頭照充分顯示：史前人長得還不錯。

　　後來的故事越來越複雜，為了衡量不同種族所攜帶的穴居人基因數量差異，最好以穴居人基因的多重混合度作為標準。

　　「基因混合」是人類遺傳學家對不同種族結合的委婉表達。一般而言，東亞人與穴居人的聯繫比歐洲人更為緊密，最可能的原因是亞洲人中亞種結合的現象更為常見。Brad 離開非洲的時候是往北走的，但是他的堂弟 Li 往東去了，還娶了 Thag 的孫女，Li 的兒子又娶了 Thag 的曾孫女。而 Thag 在歐洲和亞洲的孫子都被幹掉了。

　　本週發布的最新資料更有力地證明了亞種間的結合。同時對穴居人和多個現代種族進行基因組定序，對比的結果顯示穴居人 Thag 在離開非洲之前就跟現代人 Malcolm 是表兄弟關係了。Thag 北上的途中，說不定就在非洲周邊（例如土耳其）找了一個現代人女朋友。誰知道呢？

　　目前已知的是，不僅歐洲人和亞洲人攜帶了穴居人基因，一些穴居人也攜帶了現代人基因。

　　在最近的研究中，我們發現一個來自西伯利亞的穴

居人居然攜帶了現代人基因，而另兩個歐洲穴居人則沒有。這個發現顯示現代人和穴居人在歷史上可能有過幾次交集，肯定不止一兩次。

Thag ／ Malcolm ／ Brad 的故事在深入研究基因序列的過程中可能會起到不小的作用，但是本人能力有限，還是把這個故事留給更會講故事的人吧！畢竟，雖然數學透過比較個體基因組序列可以確定遷移率，但是它沒有辦法還原整段歷史。

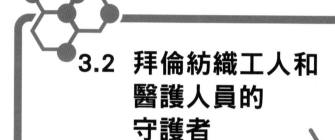

3.2 拜倫紡織工人和醫護人員的守護者

　　在小賈斯汀和韓國男子天團之前，英國詩人喬治・拜倫才是真正的大紅人。對十九世紀早期的大多數女性以及不少男性來說，拜倫簡直就是浪漫的化身。貴族出身，詩歌天賦，豔遇無數，愛好旅行和冒險，他筆下描繪的都是一幅幅極具歷史畫面感和異域風情魅力的畫卷。

　　即便到了現在，不管一個人愛得有多低調，多讀幾遍拜倫的詩，你肯定馬上就懂了。

　　她走在美的光彩中，

　　像夜晚，

　　皎潔無雲而且繁星滿天

　　……

　　雖然跨度有點大，但是拜倫也對基因組學領域產生了影響。

　　有一次，他去瑞士看望雪萊，正好趕上陰雨天氣，於是他就和雪萊比賽，看誰更會講故事。那段日子正是因為有拜倫的陪伴，瑪麗‧雪萊才萌發了創作小說《科學怪人》的念頭。所以後來一聽到法蘭克斯坦的名字，我都會想起這部小說和它的創作背景。而且後來還衍生出一個單字「Frankenfood」，指的就是基因改造食品。

　　拜倫唯一合法的女兒愛達.勒芙蕾絲（née Byron）編寫了史上第一個電腦程式。這個程式本打算用於查爾斯巴貝奇（Charles Babbage）分析，然而查爾斯的分析機沒有建成，所以愛達的程式至今也沒能運行。但不管怎樣，她都可以算是史上第一位工程師了。

　　基因組學的檢測對象是全部基因，而其前身基因學

只檢測少數基因，由此可見兩者之間的關鍵區別，即對電腦計算能力的需求不同。雖然我不會利用巴貝奇分析機來研究基因之間的聯繫，但不可否認的是，正是因為有了巴貝奇裝置和愛達‧勒芙蕾絲程式的幫助，現代的電腦才得以發現基因之間的直接聯繫。

拜倫擁護盧德派。十九世紀初，紡織工人發起了一場運動，盧德派就是內德‧盧德的效仿者，宗旨就是破壞一切新型動力紡織機和工廠，因為這些已經威脅到他們的生計了。

不管是現在還是以前，「盧德分子」都是一個貶義詞，會被別人指責不思進取和阻礙技術進步。但是拜倫擁護他們，他在上議院前發表的第一個演講，就是判處機器破壞者死刑的法案。

他為盧德派辯護，認為他們也是迫不得已，因為技術進步而被社會拋棄，應該被同情，而不是被法律制裁。他還寫了一首《盧德派之歌》，其中寫道：

等我們把布匹織出，

梭子換成了利劍，

就要把這幅屍布，

擲向腳下的獨夫，

用他的腥血來染遍。

一字一句都說得在情在理！雖然他當時跟朋友說，寫這個只是為了嚇唬那些滿嘴仁義道德的偽君子。但是也正是因為拜倫為盧德派辯護，我才會想到把拜倫與基因組學聯繫在一起的。因為拜倫的影響，我才不會說本週《內科年鑑》一篇社論的作者是一個天真爛漫的盧德派。

這篇社論主要介紹了一篇名為〈個人基因檢測消費者與醫生之間的交流互動分析〉[15] 的文章。這篇文章對使用過個人基因組服務（類似於 23andMe）的一千零二十六個人進行了調查，調查結果相對樂觀。

大約 80％的參與者表示對測試結果非常滿意，認為這些結果對改善健康狀況沒有幫助的人比例低於 15％。大多數人認為他們的檢測報告簡單易懂，在與醫

---

(15) 文章英文為 "Consumer Perceptions of Interactions With Primary Care Provider After Direct-to-Consumer Personal Genomic Testing"，此為譯者暫譯。

生討論檢測結果的人中，很少有人覺得不滿意，大多數都覺得他們的醫生可以並且樂意為他們解讀檢測報告。在少數覺得與醫生見面不愉快的人（少於 20％）當中，71％的人認為醫生不夠專業，還沒法為他們解讀檢測結果。90％的人覺得他們的醫生總是避重就輕，不大願意討論檢測結果。

那些覺得與醫生見面很愉快的人則給出了相反的回答，71％的人認為他們的醫生精通基因組學，起碼他們願意與病人討論檢測結果。

我看到這篇文章之後的第一感覺是：這些研究結果為什麼如此積極樂觀？簡直喜聞樂見、大快人心、普天同慶，大家奔走相告！而且，因為只有 27％的人在拿到結果的半年內去找醫生諮詢，所以實際上那些對會面不滿意的人只占了所有參與者的 5％。

我們都知道，不管做什麼，不管做得多麼好，總會有人不滿意。對那些不開心的人來說，如果遇到的醫生個個都是行業大咖，精通遺傳學，還願意多花點來詳細解讀檢測報告，走的時候還不忘親切地說一句「慢走」，他們才會開心起來吧！

　　有一些醫生不願意與患者討論複雜的病情，所以就不會花太多的時間解釋檢測結果。當然也有一些苦情的醫生，不管說什麼都不對。現在還沒辦法替這 5% 的人歸類，不過這種人畢竟是少數，還不至於對醫生造成困擾。

　　但是《內科年鑑》上發表的這篇社論對這項研究作出了不同的解釋，而且根本看不懂。社論的作者表示研究結果證實基因檢測（genetic test）結果可以盡可能地被量化，連諮詢成本和消費者心理也可以被量化。

　　這就好比讓推動醫學進步的研究者去替醫生和患者付學費，讓他們好好學習，免得無法理解最新的醫學觀點和技術。其實，我並不反對這種觀點，只是我希望作者的語氣能平和一點，別總是一副說教的口吻。

　　這篇社論的作者還認為，之所以出現醫患溝通不暢的問題，並不是因為醫生不夠專業，而是患者對此不夠了解，醫生沒有科普的義務，也沒有必要在這上面浪費寶貴的時間。

　　作者大概的觀點就是，跟患者探討醫療領域的最新進展並不是什麼好事。這話不無道理，但是他提出的解

決方案居然是加強對基因檢測公司的監管，還大肆宣傳推廣基因檢測的局限性。

　　我最近發表的相關文章中也提到了，他們的這種做法實際上就是把大眾的基因交給政府和醫藥行業管控，還不允許其他人插手。

　　面對盧德派更加暴力的行為，拜倫都沒有退卻，看到這篇社論，我們有什麼理由睜一隻眼閉一隻眼呢？雖然這篇社論條理清晰，但是說教的性質太明顯了，也就暗示了其結論的不可靠。

　　雖然很少有人會要求一項技術對自己的應用方式和進度負責，但這樣要求也不是完全沒有道理的。在經濟學家看來，那些擔心因為新技術和市場全球化而失業的人是缺乏遠見的。一般情況下，技術進步，出現生產力更高的新產業，都可以提升生活水準，因此這就是一件好事。

　　我並不贊同這種觀點，太積極樂觀了。我經常教導我的孩子，如果有人告訴他們為了得到更好的可以不擇手段，那他們就應該小心這個人，趕緊跑。

那個「一般情況下」正是問題之所在。因為「一般情況下」，總有人會被騙。這裡被騙的就是少數醫生和患者。但是我們不能因此抵制技術的進步和交易，而應該適應形勢的變化，多聽取專業人士的意見和建議。

毫無疑問，這篇社論還是支持新技術的。只是與其在意我們怎麼才能把一項新技術的功能發揮到極致，還不如將技術用得恰到好處。

伊凡‧伊里奇，一個天主教牧師和哲學家，曾經把這種技術稱為「陶然自得的工具」。有了這種工具之後，人類就可以按照自己的意願來過自己的生活，不受其他人的影響，更不會受到技術的影響。

然而，他認為這種「陶然自得的工具」在我們的社會中並不多見，更多的是不那麼陶然自得的工具，它們使得人性喪失、社會分化，被有權有勢的人掌控著。因為 DNA（去氧核糖核酸）是人類生命的核心，所以確保基因組定序盡可能地「陶然自得」十分重要。

好在大多數參與者都對基因定序結果和醫生的態度表示滿意，所以政府的監管似乎並沒有必要。不過，改善基因檢測結果的報告方式是必須的。改善方式無非

兩種，即優化和簡化。

　　簡化基因報告最容易。23andMe，研究中提到的基因檢測公司，就對他們所測試的等位基因作了大量的補充說明，但是根據我從業的經驗來看，患者只想知道檢測發現了什麼，得到了什麼結果，與其他人相比怎麼樣，應該怎麼辦。

　　而且醫生的工作普遍比較忙，整理基因報告也需要大量的資料，在十五分鐘內講完所有的檢測結果基本是不可能的。為了減輕醫生的負擔，比較可行的辦法就是分類檢測報告，怎麼實現呢？人體內存在數百個關係健康的基因，而且這些基因還存在多種突變的情況，所以很難判斷基因檢測的可靠性和重要性，也很難判斷哪些檢測結果是醫生必須說明的。

　　如果要分類檢測報告，那就得對所有的變異基因進行臨床試驗，就需要足夠的經費、時間和試驗對象，目前尚不具備這種條件。而且，研究發現的關係人體健康的變異基因越來越多，所以這還不僅僅是時間的問題。總之，現在還不存在哪種臨床實驗可以檢測出所有的突變基因。

　　所以基因檢測公司有必要確定篩選報告的方式。基因檢測有若干檢測項目，那麼哪一些是醫生必須檢查的呢？因為基因檢測還是一門新興的技術，所以目前需要醫生檢查的項目並不多。目前檢測得到的大多數結果都屬於與患者健康密切相關但醫生不方便給出明確建議的。如果能夠確定篩選報告的方式，把這種結果告知那些不滿意的參與者，說不定他們的滿意度就會上升了。雖然這種方法比較主觀，但也不乏可行性。

　　這個星期，我去參加了女兒學校舉辦的詩歌朗誦會，一個學生朗誦了一篇詩歌，是根據韓國男子組合 EXO 一首歌的翻譯。我覺得挺一般，但那些學生好像很喜歡。

　　如果是拜倫的話，他可能會替 EXO 按讚，也可能會嫉妒他們的人氣，也可能為他們歡呼，他就是這樣的人。如果我們努力掌控技術的變化形勢，確保技術不會變得過於複雜，不會對社會造成破壞，不會被少數人掌控，說不定他也會替我們按讚呢！

　　雖然現在的詩人不會寫詩歌頌醫生，但我還是會關注下一屆詩歌朗誦會的，誰知道呢？

3.3 為人權，維人權

　　《聖經》裡說，上帝在六天的時間裡創造了天空、陸地、行星、太陽、月亮以及包括人在類的所有動物，第七天開始休息。但是！這一休息就出了大事。一些資料顯示，人類之所以存在一些問題，都怪上帝休息了。

　　當然也有一些人可能會覺得地球的生存環境還不錯，起碼比那些鳥不生蛋的星球要好。但是如果說為地球來個小小的修整，他們也不會反對。地球環境惡化、大量物種滅絕、災難層出不窮……這些都值得人類反思。

　　在《第二十二條軍規》一書中，主人公約塞連曾對

謝司科普夫少尉的妻子說：不要跟我說什麼上帝的工作很神祕之類的話……沒有什麼神祕的，他根本不工作。他只是在玩，說不定早就忘了我們的存在……他讓那些老人連廁所都沒辦法上的時候，他到底在想些什麼呢？他為什麼要製造痛苦給世界？

　　約塞連的話可能有點過激了，但是也可以理解。當時正在打仗，所有人都想幹掉他，他也面臨了巨大的壓力。他每次執行轟炸任務的時候，也會成為其他人集體轟炸的對象。他說得並沒有錯，但是大多數人還是相信人定勝天的力量，人類也可以作出改變，只有這樣才能拯救青蛙、蜜蜂、非洲象和其他瀕臨滅絕的物種。

　　一九八〇年代以來，我們就研發出了對動物基因編碼的技術，這種改變甚至可以遺傳給牠們後代。我曾經研究過一隻缺少某種基因的老鼠，原以為牠會對癌症研究有所幫助，但是事實證明基因的缺乏主要影響老鼠大腦的發育。所以，後來我們又找了一些基因突變的老鼠，例如眼瞎的小倉鼠。看著很可愛，但是因為眼睛有問題，所以可比性不高，辛辛苦苦研究了一年，還是沒能達到預期的目標。

　　時下非常熱門的 CRISPR 技術（全名為 Clustered
Regularly Interspaced Short Palindromic Repeats），是一
種新興的基因編輯器，即「規律成簇間隔短回文重複」
的簡稱。這一技術已經成為基因界眾多謎團和謬誤的源
頭。

　　劍橋會議曾經被稱為「CRISPR 聯盟的誕生」，最
近舉行的達佛斯世界經濟論壇（Davos Forum）也圍繞
CRISPR 技術展開了熱烈的探討。

　　這項技術編輯動物基因的速度令人詫異。從此，編
輯動物基因不再需要一年又一年的時間，短短幾週內便
可完成。除此之外，有了這項技術，研究人員在研究動
物基因時具備了更多的主動權，成本也大大降低。

　　在遺傳學研究中，CRISPR 技術早已在植物和包括
人在內的動物身上得到了大量應用，未來還會得到更廣
泛的應用。

　　學界對該技術抱有的最高期望，是希望藉此編輯患
者的基因，從而治療其遺傳性疾病。但是對一個大活人
進行基因編輯非常困難，治療所有受病毒感染的細胞就
更難了；不過編輯單一細胞相對簡單得多，但是單一細

胞太小了，不便於觀察。

　　試想一下：把一片沙灘染紅和把一粒沙子染紅的區別，是不是形象多了？從胚胎或單卵細胞開始，凡是基因被修改過的人（動物、植物、昆蟲），多多少少都得益於 CRISPR 技術。

　　可能不僅僅是人，因為現在已經研究出 CRISPR 編輯的人類胚胎。至少新聞報紙是這樣報導的。其他的則還處於實驗階段。所以不得不說這項技術的精準度著實令人擔憂，如果不夠精準，就會導致目的基因的編輯出現錯誤。這可不是件好事，在科幻大片中，隨意的基因突變會產生超能力，但是在現實中則會產生癌症。

　　當然，隨著研究的不斷深入和發展，這項技術也在不斷地被完善，精準度也在逐漸增加，如果有需要的話，對人體實施這項技術也是指日可待的。

　　除了精準度的問題，這項技術的出現也帶來了一些倫理道德問題。比如說，誰有權利界定人性。

　　達佛斯經濟論壇努力讓工業和政府領導放輕鬆。在劍橋的那次會議則傾向於嫁接學術界和生物技術企業。

舉辦這種國際性的會議論壇很好，在那裡可以見到好久不見的老朋友，也可以學到一些平常學不到的新知識。雖然我無法參加這些會議，但是我也不害怕把自己的最終命運交付給這些人，因為他們總會做出一些有益於人類發展的決議。

　　然而，值得注意的是，舉辦的這兩次會議都致力於引導技術沿著資本化的路線發展。這種做法本質上沒有對錯之分。但是因為這項技術會重新定義人類、地球上的物種、平常所吃的食物，所以讓所有人都享有使用基因技術的決策權非常重要。

　　科學技術和基因組學對世界的改造程度非常澈底，是世界大戰和美國共和黨的政治舉措無法比較的。目前我們需要做的是弄清楚如何將該技術納入民主程序中，因為使用該技術的決策權還掌握在少數人手中。這個社會和人類自身可能都需要作出一些改變了。

　　如何使用該技術，在什麼對象身上使用該技術，這一切都要怎麼決定？在這種茶會上決定這種事情真的好嗎？能不能讓沒被會議邀請的人也發表一下個人的看法？

希望答案能夠盡快出現。

3.4 由小生大小小鹼基引發大案件

由小生大

特洛伊被毀滅之後，埃涅阿斯背井離鄉，愛上了迦太基女王蒂朵。這是一件小事，這年頭往愛河裡跳的人很多。當蒂朵發現埃涅阿斯將要離開她去羅馬，她的絕望真的令人鼻酸。她夜不能寐，內心無法平靜、絕望、憤怒和愛戀撕扯著她的內心。

怎麼能發生這種事情呢？

《聖經》告誡我們要愛自己的敵人（克羅斯比、史

緹爾、納什和楊則說：我們應該愛跟自己同一戰線的人）。實際上，埃涅阿斯和蒂朵的愛情就是愛自己敵人的典型，據傳說，他們無法繼續的愛情最終導致了布匿戰爭 [16] 的爆發。

在羅馬八卦、謠言和緋聞女神法馬的努力下，他們戀愛的消息廣為傳播，甚至漂洋過海。據古羅馬詩人維吉爾說，法馬的能力在於讓最初又小又弱的東西迅速膨脹，走在地上，卻埋首於雲端。如果讀過《時人》和《Hello!》雜誌，你就明白雞毛蒜皮的小事用超大版面報導是怎麼一回事了。

調查也是一件一件小事的集合。英格蘭的征服者威廉一世所推行的末日審判調查，就是最初的公共資訊大調查之一。為了確保稅賦和兵役的正確分配，他下令調查貴族和國家收入的來源。

這其中包含了大事和小事：小灌木叢就是一排定期修剪的小樹林；木材用於打造籃子、桶、木桿和長

---

(16) 布匿戰爭：又譯成布匿克戰爭，是在古羅馬和古迦太基兩個古代奴隸制國家之間為爭奪地中海西部統治權而進行的一場著名戰爭，名字來自當時羅馬對迦太基的稱呼 Punici（布匿庫斯）。

槍；還有那些在塑膠和金屬材料之前出現的韌性木材。在《末日審判書》[17]這本書中，它們都被稱為「迷你木材」。

單一灌木叢可能不值什麼，買一個漢堡也花不了多少錢，但是現在麥當勞的估值超過了一千億美元。所以說尺寸大小可能不重要，數量多少才是關鍵。據記載，威廉所擁有的灌木叢數量還是相當可觀的。

基因定序也是一項調查

人體內每個細胞中都有三十億對鹼基（base）。即使只對人體內的易感基因進行調查（因為在基因序列平均值上，人與人的相似度高達 99.9%），檢測的對象也多達一百萬項。基因檢測的對象為單一鹼基，例如 A、

---

(17) 《末日審判書》：其正式名稱應該是《土地賦稅調查書》或《溫徹斯特書》，又稱「最終稅冊」。它是英王威廉一世（征服者）下令進行的全國土地調查情況的彙編，目的在於了解王田及國王的直接封臣的地產情況，以便收取租稅，加強財政管理，並確定封臣的封建義務。由於他派出的調查員個個凶神惡煞，調查內容又極細緻，使被調查者如履薄冰，好像在接受上帝使者的末日審判一樣，所以被稱為《末日審判書》。

C、T 或者 G。非常小，一般情況下也不是很重要。

但是，偶爾也會存在特例。

最近，加利福尼亞法院有一個案子就是圍繞一個男孩的基因組單一鹼基展開：Chadam 在孩子入學的時候向學校提供了健康證明，表示孩子有一個（法院的文件中顯示的是「幾個」）與囊狀纖維化症 [18]（cystic fibrosis，以下簡稱「CF」）相關的標記物。

囊狀纖維化症是一種遺傳性肺部疾病，通常會引起肺部感染。在歐洲後裔中，相關的基因突變很常見，差不多每三十人中就有一個攜帶 CFTR 基因突變。

只有 CFTR 基因的雙複製都發生突變，才存在患囊狀纖維化症的風險。CF 兒童很容易受到其他 CF 兒童所攜帶的傳染性肺病病毒的感染。在 Chadam 的案例中，帕洛阿爾托學校的一個老師（錯誤地）把 Chadam 的孩子患有 CF 這件事告訴了另一個 CF 兒童的家長。於是這個家長要求 Chadam 的孩子轉校，最後校方答應

---

(18) 囊狀纖維化症：一種遺傳性外分泌腺疾病，由位於第七對染色體 CF 基因突變引起，主要影響胃腸道和呼吸系統，通常具有慢性阻塞性肺病、胰腺外分泌功能不良和汗液電解質異常升高的特徵。

了。

　　Chadam 一家辯解說他們的孩子沒有 CF，孩子最後還是回到了學校。這是否意味著他們打贏了這場戰，Chadam 家的孩子和父母可能會有不一樣的見解。

　　目前尚且不清楚 Chadam 一家是否向學校聲明他們的孩子只有一個複製的 CF 基因突變，這樣的話他永遠不會患上囊狀纖維化症；或者他有兩個複製的基因突變，只是目前未顯示出任何症狀。

　　如果是前者的話，那麼學校的反應就太搞笑了。每三個教室中就有一個教室裡坐著一個攜帶了 CF 基因突變的孩子。他們都不可能對其他的孩子造成患病風險。

　　如果 Chadam 一家曾經透露那個孩子 CFTR 基因的兩個複製都有突變，那麼學校的行為可能就沒那麼搞笑了。Delta F508 位點突變（並不是那個孩子的突變位點）在與其他 CFTR 突變結合時具有很強的滲透性。

　　也就是說，在攜帶這種突變基因及另一種 CFTR 突變（常見的與 CF 相關的 CFTR 突變差不多有三十種）的人中，大多數都患有 CF。非 Delta F508 位點的 CFTR

突變滲透性則要弱得多。

也有可能孩子兩個複製的 CFTR 突變滲透性都比較高，儘管沒有表現出任何症狀，他也可以被視作其他 CF 學生的潛在風險。在這種情況下，他很有可能患有 CF，並會把肺部病毒傳染給身體較差的孩子。不過，在沒有任何症狀的情況下，這種風險只能算是潛在的。

本案的法律判決已經超過了我的能力所及，大家不妨自行網路搜尋了解更多。但是這個案例再一次證明了小事的重要性。孩子基因中的一個小小鹼基就決定了校方是否具有披露孩子基因型的權利。美國法律禁止以個人的基因資訊作為是否錄用的標準，但是這一規定並不適用於生活的各方面（例如學校）。

目前該案的判決對 Chadam 一家不利，當地的法院與校方意見一致，即 Chadam 一家對學校歧視的投訴不成立，但是還在上訴中。

調查不僅僅對威廉一世掌控國家大小事至關重要，調查的重要性也在土地森林法中得到了體現。總調查員，也就是皇家園林的主管，負責確定所有皇家園林的範圍和領域。正如森林法中所規定的那樣，人們有權決

定如何使用土地，土地的明確劃分對確定人們有權在什麼地方做什麼十分重要。

在人類的基因中可能也存在類似的領域，所以未來說不定會出現基因組調查員這種職業。申請者不用自備經緯儀或者望遠鏡，能熟練使用資料庫即可加分。

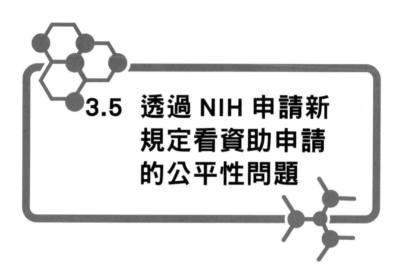

3.5 透過 NIH 申請新規定看資助申請的公平性問題

　　威廉・布萊克 [19] 說過，透過一顆沙粒能看到整個世界，把渺小的沙粒跟浩瀚的地球聯繫在了一起。與之相似，美國國立衛生研究所的主任法蘭西斯・柯林斯，本週針對美國國立衛生研究（NIH）院資助申請的要求發表聲明，從他的聲明中可以看到一個歷史遺留的哲學

---

(19) 威廉・布萊克：Willian Blake，英國第一位重要的浪漫主義詩人、版畫家，英國文學史上最重要的偉大詩人之一，主要詩作有詩集《天真與經驗之歌》等。「透過一粒沙看世界」這一句邊出自布萊克的長詩《天真的預言》的總序。

問題：進步這種東西真的存在嗎？

　　一眼看過去會覺得聲明的標題——基礎科學：進步的基石——已經給出了確定的答案。進步不僅存在，而且還是有益的。

　　這份聲明是為了堅定研究所對基礎研究的支持，這種基礎研究往往不帶明顯的功利性，首要目標是為了更好地理解某種現象。與之相對應，應用研究則是為了特定的和實用的目標，例如提升某種疾病的治療水準。應用研究致力於改善我們的生活，這一點毋庸置疑。但是，現在基礎研究的重要性和實用性也開始受到越來越多的關注，而且越來越多的人開始相信，對世界有了更全面的了解之後，自然就可以改善世界。

　　但是基礎研究真的可以做到嗎？近現代歷史上相關的正反例不少：抗生素與核武，疫苗與全球暖化，乾淨的飲用水與實境秀節目。不管怎樣，大多數人（包括我自己）都不會懷疑進步的力量和好處。但是有人把基礎研究形容成一個有輕微自我毀滅傾向的孩子，必須密切監視，這才是最糟糕的。在一片讚美聲中，國立衛生研究院的聲明發出了異議。不過這種異議並不是大眾

觀點。

在史丹佛完成學業之後，我成了 NASA（美國國家航空暨太空總署）的一名外空生物學家。在我面試 NASA 的過程中，我學會了兩招。

一招是讓其他研究者確信我不想去外太空。大多數研究人員都想去航空飛機或者國際空間站執行任務，但是名額有限。我向他們保證我不想跟地球軌道有任何關係，NASA 後院的鹹水池可能更方便我做研究。

另一招是在申請資助的時候，如果可以的話，應該說專案沒有資助的話太空人就會死翹翹。這並不是威脅（雖然我覺得是可行的），因為這是一項實用的、生死攸關的研究，對推進載人航太飛行至關重要。

同樣地，美國國立衛生研究所的資助申請書中必須包含一份公共衛生聲明，以「確保對專案提高公共健康的潛力的描述清晰明確」。

這就嚇壞了那些預算有限的人和專案組，對公共健康無法產生即時作用的研究可能就無法得到資助。雖然沒有明確地這樣說，但是進步的觀念認為必須以這種約

束方式來框定一項研究的目標。所以這樣就有了柯林斯博士的這份聲明，同時他也保證國立衛生研究所會致力於推進基礎研究。

當然，標題中所使用的「進步的基石」一詞是對現在已有進步的充分信任。

這種比喻進步的方法好像是最近才出現的，希臘的那幫哲學家可能不會支持這種觀點。柏拉圖認為，雖然政府會逐漸推進，但這種進步本質上是不穩定的，我們並不是朝著美好未來在前進。用周而復始來解釋人類歷史上的起起落落似乎更為大眾所接受。實際上，希臘神話就曾暗示我們正從以前的黃金時代跌落，特洛伊的英雄史詩發生在青銅時代，雅典希臘人的全盛時期是鐵器時代。這是一種倒退，而不是進步。而且，更糟的還在後頭。

在人們奔赴美好前程的過程中，進步的觀念可能是伴隨著西方的基督教哲學產生的。希波的奧古斯丁[20]認為《聖經》中的事件，尤其是基督的出生和復活，都是

(20) 希波的奧古斯丁：Augustine of Hippo，西元三五四至四三〇年，古羅馬著名的神學家、哲學家。

在固定的時間發生的。因為存在這些記載過去軌跡的里程碑，歷史不可能周而復始。然而現代觀點認為進步、推動人類前進的力量是啟蒙運動的產物。

十八世紀中期，人們不再相信「上帝創造了人類，並委派教會和國王來統治地球」的說法，而開始相信自己具備自我領導的能力。在指引人類前進的明燈之中，科學無疑是最耀眼的一盞。

當然這場運動也不乏反對者。二十世紀早期的盧德派就不相信進步帶來的恩惠。啟蒙運動時期有一種說法叫作「高貴的野蠻人」，就被用來歌頌沒有遭受進步影響的美德，表明了這一立場：更複雜的社會結構和技術的興起並不會改善我們的生活。

應該在一個更簡單、更公平和更自然的基礎上重建文明，這句話經常跟盧梭聯繫在一起，其實盧梭並沒有說過這句話。盧梭曾自信滿滿地給啟蒙運動的領袖和推動者伏爾泰寄了一份其處女作，來表述自己的觀點。伏爾泰回覆說：「從來沒有人有如此的才智讓我們變得愚蠢，讀了您的作品，就會想四肢著地爬行。但是，我六十年前就丟掉了這種習慣，而且很遺憾，我已經不

大可能恢復這種習慣了。」他在信的末尾還附了一份誠邀盧梭一起去老家瑞士宣傳啟蒙思想的請求，「……您應當回到……您的故土，呼吸家鄉的空氣，享受自由，跟我一起暢飲當地新鮮產的牛奶，在大自然中悠然徜徉。」

　　威廉・布萊克說我們可以透過一顆沙粒看到整個世界，這就說明他堅定地站在了盧梭的陣營，他的〈倫敦〉一詩充分表明了他對倫敦街道的蔑視。

> 我看見每個過往的行人，
>
> 有一張衰弱、痛苦的臉。
>
> 每個人的每聲呼喊，
>
> 每個嬰孩害怕的哭號，
>
> 每句話，每條禁令，
>
> 都響著心靈鑄成的鐐銬。

　　布萊克寫了不少關於文明影響的詩，這並不算是最悽慘的一首。

　　跟布萊克一樣，我們也可以試著去看我們身處的世界，不是透過一顆沙粒，而是透過 NIH 資助申請標準

的公平性。有些人相信科學是一種最終帶我們走向美好未來的力量，他們反感公共衛生聲明的功利性和強制性，但是 NIH 卻持相反態度。

這份聲明中附帶的說明解釋道：申請者要描述「在長期或短期內，此研究將對關於生活系統本質和行為的基礎知識的發展有何幫助，以及如何應用這種知識來改善健康、延長壽命、減少疾病和殘疾」。

正如前文所說的，這份解釋性的聲明取了一個「基礎科學：進步的基石」的標題，大概是擔心我們不知道他們的立場吧！現在 NIH 開始跟我們一起大唱進步的頌歌。

雖然柯林斯博士的這封信支持了伏爾泰和進步的立場，但是也沒有結束伏爾泰與盧梭之爭。相比以往任何時候，我們現在都有更多的證據來證明文明和技術的危害性。儘管如此，大多數人還是認為知識和技術多多益善。這是不合邏輯的有毒思想的產物嗎？還是合理正確的？還是信仰問題。也有可能三者兼有。

3.6 科學界的可重複性危機

科學之路困難重重。

其實天下難事一大堆，烤一條好吃的法式長棍麵包很難，記住每人的生日簡直難於上青天。但是科學有一個特點，就是它的難度可以被量化：p 值 [21]。p 值可以幫助我們識別有顯著統計學意義的結果，不過想要得到較小的 p 值很難。

在醫療科學領域，具備統計學意義往往意味著提出

---

(21) p 值：p-value，就是當原假設為真時所得到的樣本觀察結果或更極端結果出現的機率。來源於六標準差管理，是用來判定假設檢驗結果的一個參數，也可以根據不同的使用分布的拒絕域進行比較。

了一個好的問題，有大量的患者樣本，並且能夠做好相關的分析和計算。提出好問題需要智商，患者樣本需要資源，做好分析和計算則需要勤奮，把這些特點彙總在一個研究人員身上或者一個研究小組人員身上就很困難。拿我個人來說，我就一直不明白冰箱裡的那些冷藏盒都是幹嘛用的，更別說搞清楚整個臨床研究的工作流程了。

但不幸的是，當今的科學界對每一項研究的 p 值都非常上心，以確保這些 p 值能夠告訴他們想要得到的訊息。資料不僅應該意義重大，還應該可重複 [22]。不幸的是，研究結果往往是不可重複的。實際上，有一些人說我們現在正處於「可重複性危機」的漩渦之中。大量的研究顯示，醫學和社會科學領域已經發表的大多數研究結果雖然在一開始取得了很好的 p 值，卻都是不可重複的。

為了應對可重複性危機，我們是需要拿起武器來應戰呢，還是需要提出更好的研究方法和哲學理論作為支

---

(22) 可重複性：精確重返特性目標的過程能力，一個評估處理設備及其連續性的指標。

撐呢？為什麼不能兩個都試試呢？

　　為什麼會出現這種危機？難道是因為科學界盛行欺騙和懶惰的不良風氣，所以為了解決危機只能推翻科學界？可能這個問題比想像中更為複雜，研究設計應該怎麼做，真正可重複的科學結果到底是什麼，學界應該就這些取得共識。

　　一九二〇年代，羅納德·費雪首次提出了 p 值的使用標準，最初用於識別有統計學意義的結果。小於 0.05 的 p 值通常被用作閾值，有時候也會聽到這樣的解釋：「做出錯誤假設的機率低於 5%。」這種解釋是不準確的。它實際的意思是：「如果假設完全錯誤，那麼得到這些結果（或者更極端的結果）的機率低於 5%。」（定義 p 值還有很多更為精確的方式，但是這個就夠用了）兩種解釋之間的差異還是很重要的。

　　不如舉一個日常生活中的例子吧！假設你是星艦號的科學官，貨艙裡裝著小麥與小黑麥，準備運往薛曼星系，星際聯邦和克林貢帝國正在爭奪那裡的主權。有一天，你在糧倉裡發現了很多毛球族，還吃掉了糧倉

的糧食，而且其中一半的毛球族已經死了 [23]。假設在毛球族生命週期已知的情況下，毛球族死亡人數超過了我們的預期，那麼糧食很有可能被克林貢人下毒了。接下來就應該進行統計檢驗了！

一千個毛球族中四百五十四個死亡，其他五百四十六個還活著。已知毛球族的壽命，以及艦上所有毛球族都是由上週帶來的兩個毛球族繁衍而來的（毛球族繁殖速度非常快），正常情況下，死亡率不會超過 10%。標準的統計測試會得出一個小於 0.0001 的 p 值，這決定了我們對毛球族死亡率的預估是否準確，不過對一大批已經死亡的毛球族進行長時間觀察的可能性卻很低。

p 值小，就排除了毛球族按預期機率死亡的情況，但沒有排除未逆轉中子流極性的可能性。

這是否意味著克林貢人對糧食下了毒？因為 p 值很小，所以形勢似乎對他們不利。但是這不一定就意味著都是克林貢人的錯。前面也說到，p 值並不是為了檢

---

(23) 星艦號、薛曼星系、毛球族均出自《星艦迷航記》。

驗我們的假設（毛球族死亡率高於正常平均值，可能是因為這些邪惡的克林貢人）是否正確。相反，這個研究只是表示如果毛球族的生命週期是一定的，那麼不太可能出現一半族群死亡的情況。可能我們研究的毛球族正好屬於壽命較短的那一類，可能這種毛球族討厭小麥，也有可能是有人在中子電漿體流穿過貨艙的時候逆轉了它的極性，導致時間出現了摺疊（這一假設很有可能是正確的，所有的星艦迷都可以作證）。換句話說，一個低 p 值並不意味著我們的假設是正確的，只是在提醒我們（還）不能忽略它。

　　如果可供測試的毛球族數量很少，也會得出具有誤導性的 p 值。可能打開糧倉的時候清理出一部分毛球族，導致剩下的可供測量的毛球族數量很少。也有可能總工程師已經把大部分毛球族都轉移到了克林貢人的船上，所以我們只找到了六個活著的毛球族以及四個已經死了的。考慮到我們可能再也找不到任何死毛球族了，我們還是得出了一個重要的 p 值（p=0.0018）。然而我們還是可以提出這樣的疑問，因為我們只對少數的毛球族進行了測試，那麼對於測試結果的準確性有多大

的把握呢？

　　另一項測試顯示，我們有 95％的信心保證毛球族死亡的真實比例在 10％～ 70％之間。因為我們預期自然死亡的毛球族占 10％的毛球族，所以相對而言這個區間範圍還是挺大的。相反，當我們要對一千個毛球族進行測試的時候，毛球族 95％的信賴區間[24]範圍死亡率為 42％～ 48％。

　　在暗示這都是克林貢人搞的鬼？

　　我們有一些證據可以表明克林貢人阻礙了薛曼星系的殖民化（雖然證據至今還不是很明確），但是這跟當前科學界的可重複性危機有什麼關係呢？

　　第一，可重複性需要對大量的人口進行研究。我們已經發現，即使是在 p 值很小的情況下，樣本的大小都會影響結果的準確性。除了 p 值之外，提供更多的參數逐漸成為現在發表科學研究的標準要求，列出信賴區間將有助於我們規範研究的可靠性。這樣列出來之後，會發現，如果只是對四個毛球族進行研究，那

---

(24) 信賴區間：由樣本統計量所構造的總體參數的估計區間。在統計學中，一個機率樣本的信賴區間是對這個樣本的某個總體參數的區間估計。

麼得到的結果很難令人印象深刻。在貿然攻打克林貢國之前，可能還得對更多的毛球族進行另外一次測試。當然，這一點對於臨床研究同樣適用。如果研究得到的 p 值好得令人詫異，多半的原因是因為樣本太小了。毛球族實際的死亡速度，我們根據毛球族的生命週期預測的死亡速度，二者不太可能是一致的，但是發現一個只死了 20％的毛球族樣本一點也不奇怪。這比我們預期的要多，只是並不令人興奮。似乎因為克林貢人讓毛球族生病就與其打仗是不值得的。

　　第二，可重複性依賴於一個良好的假設。在毛球族測試研究中 p 值低並不意味著我們的假設就是對的。撇開電漿體流引起的時間皺褶理論，我們真正有信心的是毛球族的死亡可能與糧食有關。由於食用了那些糧食，所以毛球族死亡速度超過了預期，那些沒有吃的則安然無恙。在這種情況下，認為是克林貢人在搞破壞是個不錯的猜想，但是也有可能涉及糧食的其他方面。這是一個新的空間混合體，畢竟是為了在這個新的星球上建立殖民地。

　　其他的研究可能沒法判斷是不是克林貢人在糧食

中下了毒，但是我們現在已經知道要從糧食入手發現問題了。它可能不是克林貢人下的毒藥，但是雜交小麥可能也不是全部的原因。

以上兩個因素可能會影響我們重複毛球族研究的能力，也是說在遇到可重複性危機的時候乾草叉也有實用性的原因。不合理的研究設計與分析都會導致一項研究可重複性低下，即使是那種 p 值很低的研究。因此科學界就有義務找到一個更好的方法來激發適當的分析和研究的技術從而確保可以發表可重複性更高的研究。

針對如何更好地做研究報告和研究設計以改善這一問題，最近已經有很多人提出了建議。這是一件好事，在沒有有效成果的研究上浪費錢（通常是大眾的錢）會減緩真正的結果的發現。所以那些訴諸「p 駭客」的人，請使用正確的統計測試或者研究來反駁那個神奇的「p 值 < 0.05」數字，我們也是有小情緒的。

沒有能力重複一項研究有很多重含義，並非所有的都意味著不稱職。

然而，缺乏可重複性可能是由多種原因引起的，也存在同樣多的解釋。例如，繼續我們的太空小麥／毛球

族研究可能也沒法證明克林貢人就是邪惡的糧食下毒犯。也許會得到更多的研究表明雜交小麥在太空中是不穩定的從而分解成了對毛球族而言致命的毒藥這一結論（這也被證明會導致人身上難看的皮疹）。此外，毛球族可能比想像中的要更多樣化，部分族群在太空中容易病變，從而更容易受到太空小麥的毒害。因此，我們的研究是不可重複的，但是有用的。最初我們完全沒有想到雜交小麥會出問題。基於死掉的毛球族萌發了一個想法，即其死亡可能是由於小麥有毒，我們最終針對雜交小麥、太空旅行和毛球族如何相互作用得出了一個複雜卻可重複的解釋。最初的研究對於深化最終發現太空小麥問題的研究很有必要。

　　舉一個更為現實的例子，我們曾經做過一項研究，主要研究預測癌症風險的基因突變的可重複性。我們的重點並不在於可重複性危機，而是在於一國實施的基因腫瘤風險研究是否適用於另外一個國家。我們發現，根據一項標準，那些研究通常無法適用於其他的國家。大多數基因腫瘤風險研究無法在不同的民族中重複執行。然而我們也發現有些基因突變的基本作用在不同民

族之間具有共通性。另一項研究得出的 p 值可能低於 0.05，但是在一組族群中得到的高風險標記物更容易預測另一組族群的高風險而不是低風險。

因此，這些「不可重複」的研究看起來還是有意義的。他們測試的遺傳標記還不能供臨床使用，但是它們都指向了相同的生物學效應，這些效應在臨床上可能就是有意義的。特別是，似乎已經測試過的基因突變可能就是真正風險等位基因的標記物，非常接近，但是並不完全符合研究等位基因的位置。

一般情況下，我們都需要問問「可重複性有多少是正確的？」這不僅僅是一個科學問題，也是一個倫理問題。

這就指出了一個有趣但是很少被提及的與可重複性危機相關的問題：從研究中應該得出多大的可重複性？接受低的可重複性意味著實施更難的研究，而且是在以大量結果不明瞭的研究為代價的前提下。獲取高可重複性則可以節省時間和金錢，但是卻意味著更多科學問題將沒法得到應有的答案。

正如我們所說，樣本容量太小是導致可重複性不足

的關鍵性因素。針對小型群體所做的研究所得出的效果明顯會比現實世界中的大，因此導致可重複性低。因此有人提議說只有具有優先級可能性的研究才應該被實施。根據這項標準，一項測量細微影響或者只影響一小部分的人的研究就不應該被實施，例如只能延長癌症患者幾個月壽命的藥物研究。這成為一個相關性越來越強的問題，特別是在癌症研究中，因為我們發現很多疾病其實就是相關疾病的一個集合，每一種相關集合都只會影響一小部分人。

　　或者在面對死亡的毛球族（或者癌症風險基因突變）時，考慮一下構思好的假設可能會遇到的困難。初步研究可能不會對得出預期結果提供太大的幫助。我們可以看到一個很明顯的好處，一個星球正在等候我們的太空小麥，但是實際上，我們第一項假設正確且可重複的機率很小。我們只能寄希望於它會引出下一項更好的研究。然而如果可重複性是主要的標準，那麼這項研究根本就不會被執行。

　　決定是否實施一項研究的標準基本上是哲學的而不是科學的，意識到這一點很重要。難道科學的目標不

是有效實現利益最大化嗎？還是道德原則應該服從科學原則，即使只有小部分人會受益而且可重新性較低？前者可以被認定實用功利主義的一種表現，認為最符合道德原則的行為才能惠澤大多數人，而且這種惠澤可以憑藉經驗認證。這種方法的優點是可量化，幾乎任何實用的事物（套用實用主義的一個哲學概念）都可以被量化。數字更適用於交流溝通，至少與模稜兩可的價值概念相比是這樣的。然而功利主義者有一個信念，即「實用」與「道德上正確」基本上是一樣的，這一信念也成了功利主義的根。這種思維模式無法容許正義的存在。它指出任何帶有明顯自我犧牲、利他主義或博愛傾向的行為，如果符合道德原則，那麼就應該為所有人謀福利。只為少數人謀福利的行為是不符合道德原則的，至少是被誤導的。這似乎是一種比較溫和的自我犧牲形式，但是考慮到研究經費的緊張情況，這並不是一個人可能會作出的最小犧牲。

　　科學之路苦難重重。我們不僅要在所有工作的最後得出一個理想的 p 值，這就需要構思一個好的假設並且對足夠大的群體進行研究；我們還需要利用哲學理論

來捍衛自己的研究。我們是否將自己局限於影響力大的研究，為此聚集大量的患者作為研究樣本，確保研究具有較高的可重複性，從而確保研究經費得到了高效率的利用？或者即使研究的可重複性較低，只要存在讓人們受益的可能性，我們就應該進行研究？或者在假設處於構思的最初階段時，我們還沒有足夠的研究來證實需要對什麼進行測試，那麼我們是否可以在一個未知的領域重新進行研究？

　　提高研究效率有助於減少可重複性問題。而且同樣意味著在決定研究什麼的時候不用擔心平等和公正的觀念。顯然這不是一個非此即彼的決策過程。努力改善可重複性問題，或者至少突出實現可重複性過程中出現的問題，其出發點都是好的。然而將可重複性的門檻設置得過高也就違背了我們對科學的訴求。大多數人對科學的認知中都包含了實踐和對新的科學領域不斷的探索。研究中出現的不可重複性可能不幸就是一項必要性。

3.7 基因學的 3R 理論

　　基因學中的 3R 指的是閱讀（Reading）、編寫（Writing）（編輯）和計算（Arithmetic）。當然，這三個詞中只有一個詞以 R 開頭，但是因為基因學的計算部分通常會用到一種統計軟體，這一軟體恰巧被稱為「R」[25]，所以只有「編寫」才是真正的例外。雖然名稱拼寫上有一點問題，但是編寫表現得非常突出、引人注目。我們解讀了大量的基因序列（到目前為止，已經

---

(25) 中文名為 R 軟體，也叫 R 語言，誕生於一九八〇年左右，廣泛應用於統計領域是 S 語言的一個分支。S 語言是由 AT&T 貝爾實驗室開發的一種用來進行資料探索、統計分析、作圖的解釋型語言。

解讀了整個基因組中大約一兆五千億個鹼基）。為了弄清楚這大約一兆五千億個鹼基有哪些作用，我們會進行大量的計算。雖然我們編寫了遺傳基因，但是我們至今還沒有翻譯出一個完整的動物基因組，也還沒有掌握編寫的技能。不過，這種局面很快就會被打破。

　　一般而言，先有寫後有讀，但是在基因學領域正好相反，我們可以很好地閱讀，但是卻很難好好編寫。

　　就連世界通用的經文也是如此。雖然有些人可能會認為經文是透過超自然的命令自發生成的，但其實它是人為寫出來的。《聖經》裡說，上帝用手指在石碑上寫下了十誡（筆在石頭上寫得不順暢，用蠟筆則會入手即化）。摩西寫了前五卷（最後一點應該不是他寫的，因為他死了）；《吠陀》靠口頭傳誦；《古蘭經》由穆罕默德的門徒轉錄；整個星際大戰前傳系列也是即興創作的。常規的寫——讀順序最早出現在約翰的書裡，其中他如此說道：「一切由詞始。」

　　人類基因組是個例外，我們先閱讀了它（即人類基因組計畫，於二〇〇三年四月完成），現在才開始討論編寫的問題。

　　準確地說，人類基因組早就被轉錄（transcription）過很多次了。因為我們體內的每一個細胞都有基因組的一個複製（紅血球除外），而每個人都有大概十兆個細胞（不包括那些紅血球），據估計大概有一千億人曾生活在地球之上，所以從整體上我們可以推測人類基因組已經被複製了一兆次了。但是不管是基因、編輯，還是跟基因有關的奇幻故事，從來沒有人想過把這些內容寫出來。從遺傳學的角度來看，編寫並不是遺傳學者必須做的工作。

　　編寫人類基因的故事需要大量的時間，而且其中涉及大量的複製和大量的失誤。

　　人類基因組有一個開端，但並不是我們創造的。如果我們相信「上帝創造了亞當的基因組」，那麼現在流行的《聖經》就沒有講清楚創世故事中跟基因組有關的那部分，我們也就很難搞清楚一切是怎麼開始的了。地球上的第一個生命始於大約四十億年前，所以我們肯定沒法獲得全面系統的了解。幸運的是，我們找到了一塊完整的恐龍化石，其中保留了大量關於三十億年前生活環境的化學證據，那個時候連雷龍都還沒有出現呢！

　　眾所周知，一個人的基因來自於其父母雙方基因的
作用，其他人的基因也來自他們的父母雙方，以此類
推。在由基因組追溯生命起源的過程中存在一條完整的
路徑。這就使得確定由誰（或者原始的動物）來承擔
基因中的失誤或者缺陷很困難。關於基因組（和生命）
的起源存在一個觀點，即歷史早期出現了一個可以自我
複製的短 RNA（核糖核酸）聚合物。RNA 與組成基因
組的 DNA 在化學性質方面非常相似，還具有一個獨特
的功能，即可以自我摺疊成為一個複雜的形式，其中有
一些被發現具備了酶的功能屬性。一些催化 RNA 甚至
可以複製其他的 RNA。

　　第一個生命體、第一個基因組有可能是同一個相對
較短的、可以自我複製的 RNA。

　　誠然，雖然這是一個至關重要的開端，但是一個短
片段的 RNA 恰好能夠自我複製，這並不足以解釋人體
的複雜性。我們怎麼將這一除了自我複製無其他功能的
早期 RNA 鏈弄到人身上呢？難道完全靠日益複雜的生
物鏈嗎？透過數十億年的轉錄錯誤、重複、自然抉擇和
干預，我們相信終究會輪到自己，也會輪到地球上的

所有其他生物。複製中出現的一些錯誤可能影響很大，但是四十億年的時間足以積聚大量的變化，而且編寫時出錯也是在所難免的。

再次以《聖經》為例。許多人認為《聖經》是絕對正確的，他們聲稱《聖經》的確受到了神的啟發，各方面都是正確的。換句話說就是沒有錯誤。但是也有許多教徒認為只有最初的版本才是完全正確的，現在的《聖經》經文裡肯定存在人為的錯誤。不過這種錯誤顯然是應該避免的，不然就褻瀆了《聖經》，會受到上帝的懲罰。

實際上，現代的希伯來語把元音和發音標準，歸功於努力減少《聖經》抄寫員犯錯誤的舉措。西元六至十世紀，有一群希伯來學者被稱為馬所拉學士，編輯了一個希伯來《聖經》的權威版本，後來不少基督教分支在翻譯《舊約聖經》的時候還把這個作為源頭之作。一千多年的時間裡，書面希伯來語都是沒有元音的，主要透過字詞中的輔音來推斷意思。元音的缺失使得字詞的意思模稜兩可，特別是當其中的輔音意思也模糊不清時。添加元音可以減少複製中的錯誤，所以抄寫員們發明了

元音，其他的一些轉錄和編輯手段也確保了複製過程中盡可能地少犯錯。然而，儘管有了這些舉措，馬所拉學士們還是犯了錯誤。

有一段對猶大王約雅斤的簡短注釋就是非常好的例子。在《歷代志・下》的第三十六章第九節中寫道：約雅斤登基的時候年方八歲，在耶路撒冷當了三個月又十天的王，而且他做了一些在上帝看來非常邪惡的事情。

但是《列王紀・下》第二十四章第八節中說：約雅斤登基的時候已年滿十八，在耶路撒冷當了三個月的王。他母親名叫尼護施，是耶路撒冷以利拿單的女兒。

由此可見，在《列王紀・下》中，約雅斤十八歲，而在《歷代志・下》中他只有八歲。

要不是複製的時候出現了錯誤，一個版本中的「十」被遺漏了；就是約雅斤在八歲和十八歲的時候各登基了一次，每次為期三個月。還有，根據《歷代志・下》中的描述，他八歲登基，「做了在上帝看來非常邪惡的事情。」作為一個小男孩的父親，我可以證明一個八歲的孩子絕對可以做出那種事情來。但是這種行為要

想引起各位神的注意，那孩子大概還得等到十八歲。

這都是比較極端的情況，最可能的解釋就出現了簡單的複製錯誤。在其他情況下，距離等其他解釋都跟我們所知的實際情況不符，一個簡單的轉錄錯誤似乎可以解釋這種對比差異。

DNA 中也會出現相似的錯誤，陽光是主要的罪魁禍首。因為紫外線輻射可以使 DNA 鹼基發生化學變化，從而無法複製。這些受損的鹼基在細胞自身的發展過程中會被剪掉，通常可以得到合適的修復，但是錯誤還是會發生。其他機制也會導致 DNA 出現不明顯的替換和刪除。雖然這些變化比較罕見，但是經過數十億年的沉澱，其產生的影響還是不容小覷的。

增加複雜性需要的當然不只是簡單的替換和刪除，因為這些只會更改訊息，並不會增加其數量。在這方面比較重要的是對基因組的補充。隨著基因組的進化，對基因組進行補充的主要方式可能是重複 DNA 片段，重複 DNA 片段相對來說是比較簡單的。

回到《聖經》的類比，我們在《聖經》中也可以發現複製的錯誤。〈創世紀〉的第一本書中有兩個版本的

創世故事，第一種在第一章；另一種在第二章。雖然主題是相似的，但是在關鍵性的細節上還是存在差異的，所以對那些堅持按照嚴格語法來解釋《聖經》中的事件的人造成了一些麻煩。

與任性的約雅斤的情況不同，這兩個故事版本的差異肯定不是轉錄錯誤。相反，是因為每個故事的側重點不同：第一個創世故事描述了地球是如何形成的，而第二個創世故事則更關注我們與世界和上帝的聯繫。這兩個相似的創世故事的源頭可能相同，都源於美索不達米亞平原廣為流傳的創世故事。然而，出於第一本《聖經》的敘事需求，牧師對這兩個版本都進行了修改。換句話說，在複製一個故事的同時對其進行修改，從而使得創世故事的敘事風格能夠盡可能複雜。當然，這種方法並不是《聖經》獨有的，莎士比亞大約一半的作品故事主線都是一樣的，只不過是做了不同的修改。「某人的身分被弄錯了，然後悲喜隨之而來。」他不過是在玩帽子戲法。

人類的基因組中也存在這種戲法。單一基因只具備某些功能，然而如果一個基因被複製，每個副本都以不

同的方式發展，具備不同的功能。這就產生了我們所謂的基因家族，即一系列非常相似但角色不同的基因。例如，人體內（所有動物體內）有一個非常重要的基因家族，即同源異形基因（Hox genes）家族，在胚胎發展的早期對其進行調控。人體內大概有四十組不同的同源異形基因，在發育的過程中各自扮演著不同的角色，但是無一例外都是在動物進化的早期由單一同源異形基因演化而來的。

進化顯然是強有力的，但是速度很慢。大多數生物技術公司的投資者都希望能在幾年內獲得收益，要是告訴他們大概要等一萬年才能有所成果，這樣買賣就很難做了。因此現在正在努力進行基因組計畫的第二階段，從閱讀過渡到編寫。與依靠突變和選擇相反，我們只是簡單寫下我們想要的基因組。

現在回頭看最初的人類基因組計畫是「HGP：閱讀」，第二階段可以是「HGP：編寫」（HGP：Human Genome Project）。

這也是最近在哈佛醫學院召開的一次會議上討論的根本問題。最初的人類基因組計畫跟閱讀基因組有

關。此次會議討論的則是在該計畫的基礎上進行合理的延伸。題為「HGP －編寫：測試細胞中的大型合成基因組」，此次會議的目標在於討論改寫大部分基因組甚至從頭製作整個基因組所需的概念和技術。這樣的技術目前還不存在。然而，我們根據特定的序列來合成長片段 DNA 的能力發展迅速，而且這樣做的成本也有所降低。所以可以合理推測我們很快就能夠編寫基因組了。

編寫基因組的能力存在多種可能的應用領域。正如之前所討論的，新的基因技術使我們能夠相對輕鬆地對基因組作出微小的修改。但是我們現在討論的是隨心所欲、完全自由地編寫基因組任何部分的能力。可能會以基礎科學等為起點，編寫一個完整的基因組可能比探索基因組中的零散部分效率更高。在工業領域的應用也不難想像，因為可以透過對整個代謝過程進行再造從而造出一系列不同的化合物。

當然，這也會涉及幾個倫理方面的問題。首先，這項技術將強化我們複製人的能力。目前複製人的工作尚未完成，因為需要從被複製的人身上提取細胞。有了編寫基因組的能力之後，我們只需要知道那個人的基因編

碼，那些編碼數量大概等於一個 1GB 的文檔，然後我們就可以在其基礎上進行重建了。

編寫基因組與改寫《聖經》的部分內容是否相似？或者說這更像是在網路上發布《哈利波特》的同人小說。

此外，即便是對基因組作出小的修改，我們都會面臨倫理問題，然而我們現在談論的是編寫整個染色體的可能性。對細胞代謝及其調控機制的理解意味著我們真的對於如何利用這種基因調控手段不夠了解，但是這一點很快就會被改變。如果我們能夠在孩子體內添加全新的生化路徑，這將意味著什麼？我們的基因組是不是像絕對正確的神聖經文一樣容不得一絲一毫的修改？還是更像一個國家的憲法，需要在得到同意之後才能改寫？

還是我們會像人類基因組同人小說中所說的那樣，最終實現「HGP：編寫計畫」，每一個科學家或者每一位父母都可以編寫他們覺得合適的東西？例如，在皮膚中添加葉綠體可以節省日常開銷，並且保證我們擁有健康自然的膚色。如果這樣的話，天氣不好的都市房價

可能因此下降。那麼由誰來決定這是否可以作為人類多樣性的一項補充呢？因此有人擔心此次會議只對一百位與會者開放，而且不允許媒體報導會議所做的相關討論。這可能不是因為對正在討論的技術要絕對保密，會議上絕對不會討論聯合國資助複製人軍隊這種事情。

　　與之相反，主辦方之所以頒布這樣的禁止令，好像是因為該會議的報導權限已經被授予了一家科學雜誌公司，與會者默認了其對資料專賣權的要求。科學成果的產生往往得益於公共資金，現在卻實際成為科學出版商的有效財產，這就是個問題，但是這個問題需要單獨討論才可能解釋清楚。不管怎樣，會議不應該以這種方式來保密。

　　不管編寫基因組的技術發展速度是快是慢，我們學習基因組基本技術的速度還是非常快的。閱讀和計算在遺傳學領域已經得到了很好的應用，編寫很快也會被納入遺傳學領域之中。至少有一點非常明確，我們不用擔心因為使用何種字體而引發爭論。在遺傳學領域，沒有標楷體或者 Times New Roman 字體，甚至連斜體或者加粗都沒有。在可預見的未來裡，我們在編寫基因組的

時候只會使用 A、C、G、T 四個字母。

第四章　基因啟迪

4.1 別總想著複製超級軍隊基因編輯技術背後的倫理問題同樣值得關注

　　沒有消息就是好消息。這是一句大俗話，但也是一句大實話，其中包含深刻的內涵，例如，好是常態、不好只是例外的假設。壞事值得奔走相告，好事則應淡然處之。由此可以推理出人性本善。畢竟，《聖經》上說上帝按照自己的樣子創造了人類，對人類來說，這應該算是一件好事。但是我每次照鏡子的時候，總擔心自己忤逆了上帝。

伍迪・艾倫在《愛與死》[26] 中這樣寫道：

鮑里斯：看我，你覺得我符合上帝的形象？你覺得他戴眼鏡嗎？

索尼婭：只是沒有鏡框而已。

當然，可能會有人認為跟上帝同形象是高估了人類，可能溫和不好鬥且聰明的熊貓才應該統治地球，也有可能人的感官成了一種缺陷。但是《創世記》的末尾這樣寫道：「上帝看著自己創造的一切，說，看啊，多好啊。」所以人類應該就是好的。

此外，一些研究表明人類天性向善，就連嬰兒也會更喜歡幫助別人的人。以冷靜分析著稱的科學也證明人本性善良。

雖然說人本性善良，俗話也說「東西沒壞就別修」，但是我們總是忍不住想要去提升自我。再次回到《創世記》，裡面寫道：自我提升是人類最初的嘗試；

---

(26) 《愛與死》：伍迪·艾倫執導的電影，由伍迪・艾倫、戴安・基頓等出演，於一九七五年六月十日上映。該片講述了天性膽怯的俄國人鮑里斯在拿破崙入侵後被迫參軍，卻歪打正著成為英雄，又在愛人鼓動下刺殺拿破崙的故事。

蛇告訴夏娃如果她和亞當吃了禁果，「他們就會變得跟上帝一樣。」

這個提議太誘人了，難以抗拒。

一直以來，提升自我就是愛乾淨、勤鍛鍊和戒烈酒。但是現在我們有了更為直接的方法。

英國衛生部的監管部門批准了用分子生物學技術 CRISPR 來修改人類胚胎基因的提議。但是，這項研究並不是發明具有奴性和持久精力複製軍團的開始，對胚胎的研究僅限於七天之內的受精卵，而且被研究的胚胎不能植入母體當中。

其目的在於對一些基因進行編輯以便於更好地掌握生命初期基因的調節。也就是說，其潛在的目標是評估 CRISPR 技術日後編輯人類胚胎的安全性和有效性。

美國衛生部對這類研究採取不資助的態度，引發了廣泛的爭議。不過，英國政府也沒說人類基因編輯將成為英國下一個熱門行業。

現有的規定建立在研究課題有效和預期結果良好的基礎上，對於這種具有前瞻性的課題，監管小組所作

的決定其實只是走了一下程序。

　　但是這項決定尚未得到道德上的批准，這對開展此項研究同樣至關重要。另外，《侏儸紀公園》[27] 仍然時刻警示著人們修改基因可能會帶來哪些危險，所以全面詳細地衡量基因編輯技術對於社會的影響仍需數年的驗證。

　　不過，這仍然是一次令人興奮的嘗試，還引出了兩個重要的問題：可以修改人類基因嗎？由誰來決定是否修改？答案是，可以，由我們自己決定。

　　這些話題太難了，所以讓我們來看看隱含的第三個問題，也就是研究人類胚胎的道德倫理問題。

　　很多實驗室都做過這種研究，所以英國人並不算是踹開新世界大門的先驅者，它只是開闢了研究此問題的

---

(27) 《侏儸紀公園》：一部一九九三年的科幻冒險電影，改編自麥可・克萊頓於一九九〇年發表的同名小說，由史蒂芬・史匹柏執導，環球電影公司出品，山姆・尼爾、蘿拉・鄧恩、傑夫・高布倫主演，於一九九三年六月十一日年美國上映。影片主要講述了哈蒙德博士召集大批科學家利用凝結在琥珀中的史前蚊子體內的恐龍血液提取出恐龍的遺傳基因，將已絕跡六千五百萬年的史前龐然大物復生，使整個努布拉島成為恐龍的樂園，即「侏儸紀公園」。

另一途徑，所以值得關注。

因為體外受精往往會產生多餘的存活胚胎，所以人體內有大量胚胎可以用來做研究。一般的媽媽都不會想要八胞胎，也不想把體外受精的所有胚胎都植入體內，那麼多餘的胚胎就會被摧毀或者用於試驗。

在美國，政府對人類胚胎項目的贊助停了幾年，但是二〇〇九年放鬆了多項限制。一旦這種研究獲得許可，對胚胎的研究日期將會增加到十四天。那個時候，胚胎開始逐漸發育神經系統，這就意味著一個胚胎開始漸具人形，不再是一束細胞。不過現在的規定是這類研究的時間只能有七天。

這一科學理論也讓我想起了亞里斯多德，正是他界定了胚胎發育的階段。湯瑪斯・阿奎那在《問題論辯集》中說道：引用亞里斯多德的話，在人類胚胎發育的過程中，感性的靈魂替代最初植物性的靈魂，然後又被理性的靈魂替代。

當然，天主教對胚胎學的理解早就超越了亞里斯多德，但是有關胚胎道德地位的爭論仍在繼續。在胚胎生成和成長的過程中，其道德地位何時才會上升到人的程

度，何時才會享有人的所有權利，承受所有的義務。正
如湯瑪斯在神學中所說的：人不僅僅會行動，而且可以
按自己的意志來行動。他的意思當然是人類是理性的。
每個人當然也覺得自己有自由意志。

　　為了補充說明對人的定義，他引用了波愛修斯的觀
點。波愛修斯是一位羅馬哲學家，大約西元五〇〇年時
曾效忠於東哥德國王狄奧多里克大帝。他說，人是社會
的產物，所以「人」一詞指代的是關係。

　　湯瑪斯的觀點可以用來證明在胚胎發育的後期，甚
至在出生前，人格就形成了（對我而言則是早上十點
後）。但是在其他的言論中他堅持認為，儘管早期的胚
胎不具備人的資格，但並不意味著它沒有價值。宗教認
為胚胎對神而言是有價值的。

　　一個人本主義者可能會將這句話理解成胚胎對自
己而言是有價值的。相反，把胚胎的發育等同於人格的
形成，可以說早期胚胎所擁有的權利並不比其他任何更
早期的細胞束多。

　　所以這項研究符合倫理嗎？是好點子還是餿主
意？出於研究的目的對人體胚胎的基因編碼進行編輯

合理嗎？如果人本善，接受我們的一切不是很好嗎？因為這些技術也是生物世界的一部分，所以無論我們怎麼改變人的基因，這基本上都不會改變人的本質，你同意這種觀點嗎？

雖然這些項目還處於研發初期，離真正投入應用還很遠，但是這些技術有助於推動科學和醫療的進步，有助於挽救生命，有助於創建一個偉大的社會。

我不知道答案，我的想法也並不重要。但值得關注的是，這些事關人性本質定義的問題得到了有關委員會的解答。我曾是委員會的一員，你可能也是，所以應該知道，不管是什麼委員會，其實都差不多。專門解決這種問題的委員會可能會給出好的答案，也有可能不會。可能性更大的是這些問題根本就沒有答案。

有時候，不要總想著去尋找問題的答案，能夠意識到問題的存在才是關鍵。

4.2　基因組裡基因知多少

　　語言存在模糊性，這也是人們對事物的理解不一致的原因之一。歷史上不少哲學家，如洛克、笛卡兒和康德，都從哲學的視角對如何定義和認識事物提出了自己的見解。在基因學領域也存在基因定義和單複數屬性不明確的問題，那這些哲學觀點會帶給我們怎樣的啟示呢？

　　基因組項目研究的早期是一段令人興奮的歲月，那時我們也常常會想到這樣的一個問題：基因組裡到底有多少基因？

　　這個問題的答案爭議很大，大多數人認為這個數目為兩萬五千到三萬，但是有些人認為這個數目高達十萬。我屬於「有些人」，即後者。避免爭議的關鍵在於統一基因的定義和基因的單複數屬性。基因到底是什麼？這個問題也存在很多種答案。但是三萬多的基因不可能等同於十萬多的基因。

　　這並不僅僅是一個遺傳學問題，也是一個基本的哲學問題。也就是說，「怎麼知道那個指的是什麼呢？」這隻狗長得跟那隻狗不一樣，但是我們還是認為這是隻狗。為什麼？怎麼做到的？

　　曾有一位總統說，這都取決於「是」這個詞的意思。約翰・洛克，一位哲學家、政論家、狗狗賽跑熱愛者（至少我是這麼想的），在他的《人類理解論》[(28)]裡花了一整個章節講「是」這個詞。

　　洛克認為，人類對世界的一些共同認知並不是生來

---

(28) 《人類理解論》：又譯《人性理解論》，於西元一六九〇年首次出版，該書約三十萬字，花費了作者十七年的時間創作而成，洛克解釋這部著作的構思是為了探究緣起，規律和擴展人類的知識，同時探究信仰，觀點和共識的依據和程度，該書後成為了英國經驗論哲學的代表作。

就有的，人類的頭腦一開始一片空白，後來慢慢被經驗填充。但是這可能會阻礙交流。如果沒有意識到人與人知識程度的差異，很容易出現雞同鴨講的現象。

如果你和反對派的擁戴者說過話，你就知道那種感受了。如果沒有意識到這個問題，我們的措辭就會不準確，也就無法判斷你我所說的「基因」是不是同一個。

洛克認為消除模糊概念只有一個辦法，就是替每個物體創建一個獨有的詞，並且摒棄那些統稱全體對象的詞。每一隻狗、每一片樹葉、每一粒沙、每一份 RNA 副本、每一朵雲都有自己的名稱。還好他只是隨口說說而已。

如果要替每個物體創建一個獨有的詞，首先就得擴充字母表，不然就得接受超長的單字，字典也會變成大部頭。更重要的是，他認為這樣就再也無法交流了，對於那些不從政的普通老百姓來說，交流才是語言的全部意義之所在啊。

洛克是一個實證主義者，認為人類所有的思想和觀念都來自人類的感官經驗。這跟理性主義正好相反，理性主義認為推理才是知識的源泉。當然沒人會否認推

理的實用性，但是理性主義者卻認為推理是理解客觀真理的唯一途徑。

勒內・笛卡兒是一個理性主義者，他著名的「我思故我在」講的就是透過推理來確認自己的真實存在。就我個人而言，低頭看一下，說「沒錯，我還在這裡」，這就夠了，但是真正的哲學家把這件事看得可重要了。

洛克之後的大約一百年，伊曼努爾・康德寫了一本《純粹理性批判》，在某些方面還是專注於洛克的那個關鍵字「是」。我們怎麼知道這隻狗是一隻狗，一個基因是一個基因的呢？實際上，康德在洛克的基礎上退了一步，提出了這樣的問題：人類是否清楚自己為了了解事物有多麼努力？他的回答是人類可能明白有一些東西是自己無法了解的，但是卻可以了解其中的一部分。

與擔心模糊義會影響溝通的洛克不同，康德從來沒有擔心過語言方面的問題，而且他似乎認為，如果語言和思想之間的關係過於密切的話，就沒有趣味性可言了。

不過康德也認為語言的不確定性是一個令人擔憂

的問題。難道洛克等消極懷疑論者和盲目樂觀的理性
主義者就沒有任何聯繫嗎？懷疑論者否定人類了解事
物本質的能力，把人類與宇宙的關係描繪得前景渺茫。
理性主義者堅信推理的力量，自然而然地就忽視了統一
事物本質的困難，這些本質可能會揭示人類了解真相的
內在能力。

　　康德的《純粹理性批判》曾經讓他進退兩難。因為
人們理解世界的方式不同，所以他認為，適用於所有人
的用於定義事物單複數屬性及其物質屬性的概念是有
限的。人們用各種各樣的概念去對應對事物的感官體
驗，從而形成了一種模式，也就是對事物的一種印象。
他強調，雖然這些模式不是錯的，但也不是事物真實的
本質，不是完全真實的現實。但是這些模式能幫助我們
與宇宙、與世界交流，而且確保自己不是在自娛自樂。

　　因此，他得出的結論是：懷疑主義者認為人類無法
就事物的目的或基本性質取得一致意見，這種觀點是錯
誤的，那些自信滿滿的理性主義者後來也被推翻了。

　　那麼這跟基因組中基因的數量有什麼關係呢？難
道就不能直接透過基因測試來判斷鮑勃是不是你的叔

叔？

答案是不能，因為基因定序只能顯示這樣的結果：
CCCTACTTATAACATCTGGCCTAACTATATGGTTCCA
CTACCACTCTGTAGTTCTCCTATTTTTAGGATT。

不管參考何種定義，基因都被認為是人體基因組中的區域部分，可以被轉錄為 RNA，之後一般被轉錄為蛋白質，僅憑定序的結果我們無法判斷它是否為基因的一部分。我們可以透過定序或者檢測細胞中的 RNA 並將這些位點對應到基因組的方式來定義基因。至於它們如何對應到基因組 DNA，這個問題可能就比較複雜了。基因可以重合，以多種方式連接，包含大量未轉錄的基因組 DNA，這些基因組 DNA 可能對該區域染色體的整體結構至關重要，多個基因可以共享 DNA 區域和對其調控至關重要的染色體結構特點。

什麼時候哪些基因組 DNA 位點會被轉錄為 RNA，這是無法預測的，因為它們還會受到其他基因的影響，而且這些基因的調節和轉錄反過來又依賴於其他的基因。

解決這個難題的方法之一就是洛克的超級字典法，

它只對每個可能的 RNA 命名，不允許任何人去定義單一的基因。從某種意義上來說，這就是我所在的一個團隊採取的方法，這個團隊具有絕對的數量優勢。我們把包含遺傳訊息的轉錄共同核心集群定義為「轉錄單元」，而不是「基因」。這些單元通常跟多個不同的複製密切相關。我們估計獨一無二的複製總數量可能超過七萬五千。

但是，「少數」群體贏得了最終的勝利。與我所在群體改採取的洛克式方法不同，他們現在越來越偏向於理性主義。他們堅信在基因組中可以發現潛在的邏輯現實。如果存在一個新的 RNA 複製，就一定會毫不猶豫地給它一個有意義的基因名。兩個 RNA 複製可能會有些許差異，一個有外顯子（Exon），一個沒有；另一個的末端更長，但還是可以把它們都當作 Cox2 基因。

如果採用這種理性主義的方法，我們就不需要類似於「轉錄單元」這種單調的詞了。我們相信在遺傳結構知識的幫助下，我們能夠把它們都變成少數基因。這樣的話，人體所擁有的基因數量可能會少於兩萬五千。

兩種方法都是可行的，但是也都有各自的問題。洛

克式的方法，其轉錄單元過多，因而忽略了基因組結構中邏輯的真實存在，也忽略了基因組 DNA 共同區域所產生的複製功能的相似性。然而理性主義的方法對基因和染色體結構所作的假設並未經證實，所以滋長了自以為是的想法。

另一種為基因分類的方法可能得歸功於康德。康德認為，我們認識事物的時候首先必須意識到方式決定事物的本質。以基因為例，我們知道基因組定序，知道 RNA 在哪裡被對應到染色體中，知道有相似定序的基因組存在於其他區域，而且對於基因是怎麼調節的也有一定的了解。

我們所不知道（至少至今還不知道）的是基因調節的全過程及其全部功能。有了這些概念之後，確定染色體的某個區域也包含著某種基因屬性就不再是一種奢望，那時也就基本可以確定其他的區域中也存在相似的屬性了。康德可能會說，我們永遠無法了解基因本身，但是我們可以透過指定某個基因的方式來與其他人取得共識。

康德的方法可能並不會改變現狀，如果包括蛋白質

編碼基因，那麼就有兩萬個基因。如果包含那些功能不明的 RNA 轉錄副本生成位點，這個資料就會顯著上升。長期以來對於替基因取名字的爭議也會隨之解決。大多數基因都有若干不同的稱呼。人類基因組組織成立了一個委員會（HGNC，人類基因組組織基因命名委員會）來決定基因的「官方」名字，但把這些名字真正投入使用還是很困難。每次發布一組基因的名字，拿癌症組基因中基因表現公式來說吧！首先得把這個公式中的基因名轉換成 HGNC 中對應的名字，這一過程中總有一些基因的名字讓人頭大。

　　例如，官方名為前列腺素內過氧化物酶 2 的基因，也叫環氧合酶 2（也簡稱 COX2）、前列腺素 G/H 合成酶 2、糖皮質激素調節炎性前列腺素 G/H 合成酶以及前列腺 H2 合成酶 2。這是一種具有多種酶促功能的酶，在細胞中作用很大。由基因的某一個作用來決定其名字，這就是所謂的目的論，雖然我們總是覺得自己知道基因的目的。

　　這種自信就是典型的理性主義。我們當然不知道基因的目的是什麼，實際上大多數人會說基因根本沒有什

麼目的，言外之意就是基因只有功能。以這種方式給基因命名實際上就忽略了康德的遠見和睿智。「目的」並不是康德所提出的基礎概念之一，所以我們長久以來對基因的了解並不是從目的論的視角出發的。

因此任何關於基因最終作用的言論都不可能被所有人接受。理性主義的方法產生了一系列混亂的基因名稱，帶著不同假設和目的的研究者繼續推進，結果這種混亂讓我在開展新的生物訊息學項目時至少浪費了一個小時。

語法學家會說「沒人」既可以是單數的，也可以是複數的，這取決於我們怎麼使用它。我們目前對於基因的定義也是這樣的：一個基因可以產生許多不同的轉錄本，各顯神通。但是基因整體應該怎麼稱呼呢？首先還是確定一下自己將贊同誰的觀點吧，洛克？笛卡兒？還是康德？

4.3 從基因組認知自我微生物的崛起

　　「我是誰?」這個問題是遺留了幾個世紀的歷史性哲學難題,一般人不會把「我就是我」作為一個完整的回答。這個問題可能是哲學的起源,因為在回答更難的問題「我為什麼存在?」之前可能首先得回答「我是誰?」當然,在「我是誰?」之前可能還有個問題,即「我現在想做什麼?」最後答案一般都是去逛街。

　　湯瑪斯 · 阿奎那給了我們一個答案(抄襲亞里斯多德的觀點,然後結合神學的角度得出的結論)。他

說我們是由肉身、理智和靈魂組成的，這就是「我是誰？」的答案了。他說靈魂是形式或者主體，肉身藉此生存。他進一步解釋道，靈魂是人類獨特且充滿智慧的一個方面。它可以進行感知的活動，也就是說，它可以感覺和感知所處的環境。這一點人類和動物是相同的，當肉身跟靈魂的活動合二為一的時候就會表現出來。

　　他認為理智是人類獨有的。只有肉身、理智和靈魂結合才能解釋「我是誰」，單獨存在的時候基本上是沒有意義的。透過把人和簡單動物的大腦進行比較，從而把人類的思維能力歸功於人的大腦，這是受到了湯瑪斯的啟發。而且事實證明，一些人（就是那些律師）的確有爬蟲腦 [29]。

　　一直以來，對於「人類是什麼」這個問題都是這麼解釋的，基本符合天主教教義。而且帶有較強的唯物主義思維特色，認為靈魂依賴於身體，如果身體消亡，那麼一切組成「自我」的東西也就都消失了。

---

(29) 爬蟲腦：環繞脊髓上端的腦幹是大腦最古老和最小的部位，是脊髓的延伸，在距今兩億至三億年前已演化形成，其演化程度相似於史前時代進化了數百萬年爬蟲類的腦，在較低的生命形態，如蜥蜴、鱷魚和鳥類中同樣發現它，經常被稱為「爬蟲腦」，術語指本能所驅動的腦。

他認為神的干預可以保護人類的自我意識，但是他對自然主義的理解卻十分現代化，跟現代的觀念十分符合。他對人類的解讀甚至影響了我們對大腦的看法。

一直以來的觀點都認為，大腦的某些區域主要負責管理感官，維持身體正常機能，而智力主要存在於大腦皮質，大腦的一部分甚至被稱為「古大腦」[30]，支配最基本的生存本領。腦功能成像技術的最新進展正在改變對大腦工作方式的傳統認知，而且我們現在知道了思維和其他神經功能的分布十分複雜。對人類與簡單動物的大腦活動進行比較，據此對大腦功能進行歷史性的劃分，這部分是因為阿奎那對人的定義。

四百年後，笛卡兒創建了全新的自我理論，就從建立著名的存在理論（即「我思故我在」）。

不難理解，阿奎那認為第一步是顯而易見的，所以就跳過了那一步。有了這個好的開頭之後，笛卡兒將自己進一步定義為一個思考的個體。他認為人類由肉身和

---

(30) 古大腦：大腦分為古大腦和新大腦。古大腦是大腦的中心部分，相當於現在所說的大腦髓質部分和脊髓神經，是生命中樞所在地，是人類沒有成為人類以前就存在的大腦。

理智組成，這一點與阿奎那有點相似。不過笛卡兒認為肉身和理智是完全不同的實體，理智作為構成人類的一個部分，只有具備了理智，人才能提出「我是誰」的問題（對於笛卡兒而言則是「是我嗎？」）。這就是現在所謂的笛卡兒二元論，雖然大多數現代認知理論不這麼認為，但是在談論別人神遊或者假定「靈魂出竅」的可能性時，我們總會想到這個。

笛卡兒和阿奎那都透過理性主義提出了自己的自我理論。其實，他們基本上就是找了一張舒服的椅子，然後坐在那裡絞盡腦汁，而且相信可以推理得出「人類是宇宙的一部分」的結論，因此我們可以透過邏輯發現真理。

現代科學是實證主義的，堅持理論出自實踐的原則。因此現代的自我理論往往注重細節，排斥抽象的概念，至少在已發表的文章中幾乎看不到抽象的概念。雖然存在質疑，大多數科學家對自我成分的組合方式還是存在大量個人的見解。但是想讓這些觀點初步成形並不簡單。

我們一直用遺傳學的語言來討論人格是如何出現

的：你的優點來自你的母親，而其他的特徵則來源於父親祖先。

　　如果你想理解人的定義，還希望得到大量細節且具備一定的整合能力的時候，那麼基因組學就是個不錯的答案。許多基因突變都會對人類個性產生或多或少的影響，具體的例子有智力和風險認知，籠統的例子則有幸福感。因為我們早就習慣了個性中的遺傳部分，所以我們很快就接受了這門新科學。當兒童把雨傘當作降落傘從車庫頂上跳下來時，我們會說他跟他父親一樣頑皮。當然，如果他成績優異，那就是得感謝他母親家族的優良基因了。

　　現在逐漸出現了基因組學的另一個分支，可能會對傳統的自我認知產生衝擊，就是微生物科學和基因組學，也就是對存活在人體皮膚上和腸道內的所有微生物進行研究。

　　在人體體表和體內存在大量的微生物，包括細菌總體數量（我們每個人身上都寄宿著兆左右細菌）和細菌種類（也許有成千上萬種），但這所有的細菌總共也就幾磅重。這些共生的細菌並不是因為排泄不通或者食物

沒有洗乾淨才存在的，而是生命的重要組成部分。皮膚上的微生物有助於防止皮膚受到病原體的感染，腸道內的微生物則對消化功能至關重要。沒有微生物，我們可能可以生存，至少對老鼠的試驗已經證明了這一點是可能的，但是它們仍然是保持人體健康的一個非常重要的方面。

生活在人體體表和體內的微生物大概有三磅，數字龐大，這一發現可能很有趣，也可能很噁心，這取決於你怎麼看待這個問題。但是為什麼它會意味著對自我概念的反思呢？我把頭想破了可能也想不出來。那麼這三磅的微生物對我們來說意味著什麼呢？

人體內的微生物就像一個生態系統，實際上是幾個完全不同的生態系統，存在於人體的體表和體內。

與人體共生的微生物並不像帽子，我們可以自主決定戴或是不戴，它們並不被動。相反，它是人體活躍的一部分，在人的一生中可以靈活變化。試想一下，其實帽子也可以是靈活多變的，但是微生物可比一頂帽子複雜多了，不同身體部位的微生物系統完全不同。人體會影響微生物，人體的免疫系統會調節微生物的構成。

反過來，微生物也會透過免疫系統和消化系統來調節基因表現式。簡而言之，如果不把微生物的基因組學及它們相互作用的方式包括在內，那麼對人體基因組學的描述就是不完整的。只有將其整合在一起，我們才是完整的有機體。

遺傳功能之間是如何相互作用的，這方面的研究其實才剛剛開始。大多數初步研究都是針對微生物如何影響疾病的，而且微生物對糖尿病、肥胖症、癌症和腸道炎症的影響已經得到了證實。

但是，它好像也會影響我們日常的情緒。不用覺得太稀奇，我早就學會了不要在肚子餓的時候去購物，因為我可能會買很多不該買的東西。人體的腸道與大量神經元網路密切相關，因此還被稱為「第二個大腦」。用術語表達則為腸神經系統（Enteric Nervous System, ENS），可以幫助我們控制自己的消化過程。這一重要過程可能得花不少時間，而且在腸道神經系統與大腦之間存在很多干擾。

因此腸道微生物影響情緒並不是什麼重大發現。早就有人把腸道微生物的構成和焦慮的產生聯繫在一起

了，只是目前還不清楚這種聯繫是如何起作用的。焦慮
會改變腸道微生物嗎？反之亦然嗎？還是說人體內存
在一個第三方會對兩者都產生影響？有人認為微生物
可以用於治療憂鬱症和精神分裂症等疾病。要想弄清楚
腸道微生物是如何影響人類思維方式的，可能還需要做
大量的工作，但是到目前為止所做的研究顯示微生物對
人類的思維方式至關重要，也就是所謂的理智。

我們是一個生物群落，還是每個人都有兩個自我，
其中只有一個才是有意識的？

不管科學怎麼發展，不管腸道微生物扮演的是何
種角色，這都明確顯示我們的自我概念需要有所改變。
將人類形容為一個生物群落，其中意識遍布全身，這樣
是最恰當的嗎？還是人類有兩個自我，只有其中一個是
有意識的？顯然笛卡兒的二元論是不成立的，雖然現存
的並不是嚴格意義上的笛卡兒二元論。但是認為人類的
理智可以脫離肉身存在的想法並沒有從現代認知中消
失（例如「思想高於物質」的說法）。是的，這門新的
科學表示我們甚至不能去嘗試著去讓思想安全地待在
大腦中，就像把雞蛋放在雞蛋杯中一樣，但是思維遍布

我們的全身，而且幾百種不同的微生物與我們共生。

　　阿奎那或許可以對思維如何運轉作出新的解釋，大致跟他的觀點一致。也就是說，身體塑造思維，自我的智力方面由一個有意識的、可推理的方面，以及一個單獨的和相對簡單的感官反應方面組成。當然阿奎那也將其他方面歸屬於智力，因為那就是靈魂，那是一個在身體消亡之後仍然存在的不朽創造。然而他認為這一不朽的特質依賴於上帝，因為沒有超自然力量的幫助、沒有身體，所謂的智力也就不會成就「我們」了。但是在他的理論基礎上為微生物添加一種角色並不會太過分。套用阿奎那的思想框架時，我們不僅必須認為身體是靈魂的形式，而且人體所攜帶的細菌也在形成靈魂的過程中扮演著重要的角色。這對低等微生物當然算是一個新的角色。

　　至於本章開頭提到的問題，「我是誰？」除了脫離實際的推理和我們的基因組定序，我們可能還需要問問體內的細菌。

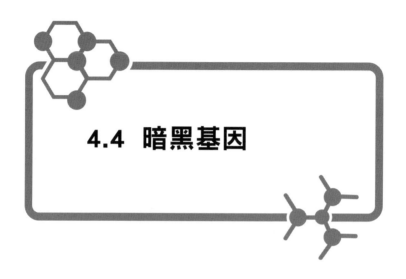

4.4 暗黑基因

惡魔的基因

英國的《每日電訊報》整理了文學作品中最邪惡的五十個反派角色，魔鬼位列榜單之首。第二名則是一隻虛構的老鼠——大鬍子塞繆爾，牠是作家碧雅翠絲·波特[31]所著的《彼得兔之大鬍子塞繆爾》中的角色，而且絕對是個狠角色。牠不僅從牠住的屋裡偷東西，還差點把小貓湯姆做成了餃子餡。

---

(31) 碧雅翠絲·波特（1866—1943）：Beatrix Potter，英國著名的兒童讀物作
　　家。在英國乃至世界卡通史上有一個著名的兔子的形象——彼得兔，
　　便是出自她的筆下。

但是，大鬍子塞繆爾是不是真正的大反派實際上很難說。在大多數的西方傳說中，善良和邪惡並不是獨立存在的，善良缺失，邪惡才會出現。在其他傳說裡，例如佛教傳說裡，邪惡則是存在的一個內在要素，在瑣羅亞斯德教和星際大戰中，善惡對立，內涵也完全不同。就算我們採納了西方傳說的善惡觀，大鬍子塞繆爾是不是真的大反派，這個問題還是沒能得到解答。根據湯瑪斯・阿奎那的說法，人本善，這種善良缺失的時候便有了惡。老鼠本來就是一種雜食動物，他想吃小貓湯姆完全是出於自己的本能（順便說一句，小貓湯姆逃過了一劫，而且領悟到了在餘生裡要盡量避開老鼠的道理），由此可見大鬍子塞繆爾也沒有多邪惡。他的邪惡充其量只能算是形而上學的，是一種看似殘忍的邪惡。就像伍迪・艾倫說的那樣，「對我而言，本性就是……我不知道，大概就是蜘蛛、蟲子、大魚吃小魚吧！植物吃植物，動物吃……就好比一間巨大的餐廳。」

一隻吃飽了的老鼠可能本性不邪惡，但是把一隻活蹦亂跳的小貓做成餃子餡可能就邪惡了。

假設小貓湯姆和大鬍子塞繆爾都是人類，或者是有

情感的生物，考慮到他們的穿著（小貓湯姆被包進餃子皮裡之前穿的可是一件漂亮的藍色夾克），這個假設可以算是合理的。這時候，大多數人會一致覺得塞繆爾所做的是道德上的惡行，因為他違背了我們習以為常的道德準則，有情有義的生物是不會互相煮著吃的。而且，阿奎那還說過，眾生性本善，邪惡由行為決定，而不是由行為帶來的影響衡量。這樣的話，一隻吃飽了的老鼠（被小貓湯姆填飽了）本質上不是邪惡的，畢竟老鼠也有吃飽飯的權利。但是，把一隻活生生的小貓做成餃子餡就是邪惡的了。

　　塞繆爾為什麼是邪惡的，這個問題可比他是不是邪惡的難多了。對於碧雅翠絲·波特而言，並不是所有老鼠都邪惡，《點點鼠夫人的故事》就證明了這一點，因此可以肯定塞繆爾必然有什麼特別的地方。同樣引用阿奎那的觀點，邪惡的根源在於人類的自由意志，只有具備了作出錯誤決定的機會，人們才可能做出錯誤的事情。阿奎那指出，有人認為犯罪是因為撒旦的誘惑，但往往不是這樣的，其實都是人們自己作出的決定。現在臨床心理學上的觀點是，邪惡的主要誘因是社會和經

濟因素，撒旦的威力已經大打折扣了。除此之外，自從一九六〇年代，遺傳因素導致道德犯罪成了一個爭議不斷但研究相當活躍的領域。

　　我個人有一大愛好，一般我不告訴別人，就是喜歡看臺灣的電視劇《萌學園》[32]。這部電視劇講的是發生在一所魔法學校的故事，有點像是《哈利波特》和《蓋里甘的島》[33]（或者《豆豆先生》）的合成版。故事的女主角烏克娜娜發現自己的父親是個黑魔法師，就逃學了，理由是「我有暗黑基因！」照這種說法，烏克娜娜倒是提出了一個不錯的問題，即邪惡可以遺傳嗎？

　　XYY型男性：是不是好鬥的超級男？（答曰：不是）

　　邪惡的產生，更準確地說是反社會行為的出現，有一個特定的遺傳因素。這一觀點於一九六〇年代首次被

---

(32)　《萌學園》東森幼幼台開台十週年時推出的一部很特別的魔法電視劇，該系列分為六套主劇、一套外傳和一部電影。萌學園是一個魔法學園，每個人都有特別與眾不同的魔法，劇中有大量的特效設計和精彩的感情戲。

(33)　《蓋里甘的島》美國導演舍伍德·施瓦茨在一九六九年打造的經典情景喜劇，主要講述被遺棄在島上的演員，開始時感覺很愉快，但在等待救援的漫長時間裡，一個個開始變得性格乖戾。

提出，當時在一些攜帶兩條 Y 染色體的男性體內發現了這一遺傳因素（他們是 XYY 型男性，正常的男性則是 XY 型）。根據早期研究的記載，攜帶這種罕見遺傳性狀的人（每一千名男性中只有一例）最開始在囚犯中發現，而且不是偶然發現的。一九七〇年，美國科學促進協會（American Association for the Advancement of Science，縮寫為 AAAS）的主席建議消滅社會上這些危險好鬥的超級男性，如果孕婦懷的胎兒攜帶了兩條 Y 染色體，那麼應該被強制墮胎。後續的研究顯示，雖然兩條 Y 染色體跟智力低下有關係，但是跟攻擊性和違法行為之間似乎並沒有明確的聯繫。然而攜帶兩條 Y 染色體的男性就是危險人物，這一觀點在大多數文學作品中根深蒂固。

儘管在犯罪行為中發現遺傳因素的研究不太順利，但基因影響生活的各方面這一點倒是眾所周知的，其中就包括人的行為，所以幾乎沒人會懷疑基因會以某種方式影響違反道德的行為。然而，基因從來都不是確定性的，而且從來不會單獨發揮作用。因此現在的研究往往著眼於基因突變和其他社會因素如何共同影響反社會

行為。例如，研究發現血清素轉運蛋白基因（serotnin transporter gene）的一種變體會讓人出現攻擊和掠奪心理，在弱勢環境中成長的兒童往往具備這一心理特徵。

血清素 [34]：藥理學

血清素是調節人類成熟行為的一個重要因素，所以發現基因突變透過影響血清素吸收進而影響反社會行為也就不足為奇了。血清素是大腦中的一種化學信使，其結合的神經元會參與大量的活動，包括對疼痛的敏感度、心臟和呼吸的調節、情緒，甚至還包括學習和基本的認知過程。它也被證實會對一些精神疾病產生影響，例如精神分裂症、憂鬱症、上癮和焦慮症等。以血清素系統為標靶的藥物（術語為選擇性 5- 羥色胺再攝取抑制劑，或 SSRIs）透過調節大腦中血清素的含量來發揮

---

(34) 血清素：serotonin，體內產生的一種神經傳遞物質，存在於一些植物和菌類中。

效果，該藥物常見的品牌為百憂解[35]和左洛復[36]。

除了血清素轉運蛋白基因 SLC6A4 之外，研究發現還有其他若干基因明顯可以導致反社會行為。在一項最新研究中，色氨酸羥化酶 1（TPH1）、血清素轉運體（SLC6A4）和單胺氧化酶（MAOA），三者都參與了血清素的調節過程，而且都與反社會行為早期的跡象有關（身體攻擊性行為、破裂性和關係侵略等）。但是這些基因與行為的關係可不簡單。

在沒有受虐待的兒童中，這些基因與反社會行為之間的聯繫大同小異。相反，在受虐的兒童中，三種基因的突變與反社會行為的增加有著顯著的關聯性。這些研究所取得的結果都不是絕對的。判斷反社會行為的標準本來就是主觀的，所以還需要進行規模更大的研究。但是遺傳變異會導致違反道德準則的行為這一基本概

---

(35) 百憂解：又名鹽酸氟西汀，屬於口服抗憂鬱藥。主要透過抑制中樞神經對 5- 羥色胺的再吸收，用於治療憂鬱症和焦慮症。

(36) 左洛復：又名鹽酸曲舍林片，由輝瑞公司研發的抗憂鬱藥，屬於選擇性 5- 羥色胺再攝取抑製劑，用於治療憂鬱症、強迫症和六歲以上兒童的強迫症。

念逐漸站穩了腳跟。

惡魔遺傳學？

　　這是否意味著惡魔遺傳學真的存在？尚不明瞭。回想《大鬍子塞繆爾》的故事：他只不過是犯了形而上學層面上的罪行，也就是說，他並沒有違反鼠界的道德準則，就因為弱肉強食看似邪惡，就說塞繆爾犯了罪？這只是透過類比人類得出的結論，而且如果我們相信性本善，那麼根本就不存在什麼形而上學的邪惡。還是說因為塞繆爾違背了人類的道德準則，然後他就成了道德上的罪人？如果前者是正確的，如果基因決定本性，那麼必須就事論事，然後可能就會有人爭辯說，攜帶了 SLC6A4 變異的兒童做出攻擊性行為時只是順應了自己的本性。如果我們相信後者，那麼不管基因如何構成，不道德的行為就是不道德的行為。

　　形而上學的邪惡，這看似只是一個哲學問題，但是也很重要。二〇一〇年，俄亥俄州的州長將西德尼・康威爾從死刑減刑為無期，西德尼是一個幫派成員，

被指控在騎行的過程中槍擊射殺一名年輕女性。西德尼還是一名 XXY 型男性，與前面提到的攜帶兩條 Y 染色體的男性不同，西德尼體內攜帶了兩條 X 染色體。跟 XYY 型男性一樣，XXY 型男性的智力往往低於一般水準。法官判決該遺傳因素能抵減其應當承擔的責任，可以不用被執行死刑。也就是說，西德尼的行為不符合社會道德標準完全是因為其本性。所以在不久的將來，血清素相關的基因突變也會被搬上法庭。

然而，完全用生物學的觀點去看待邪惡的本性是不太可能的。西德尼 · 康威爾並沒有因為其基因構成而被無罪釋放，只是被減刑了。同理，大多數人也不會承認自己完全受制於自己的基因構成。俄利根（又譯奧利金）[37]，西元二世紀時的一位神學家，聲稱即使不存在惡魔，我們對食物、性等的渴望也會讓自我迷失。誘惑無處不在，有時候多，有時候少，有時候因為遺傳因素的存在而更加難以抗拒，有時候則容易得多。就算我們跟烏克娜娜一樣擁有暗黑基因，我們還是得為自己的行為負責。

---

(37) 俄利根：古代東方教會最為著名的教父，亞歷山大學派的主要代表。

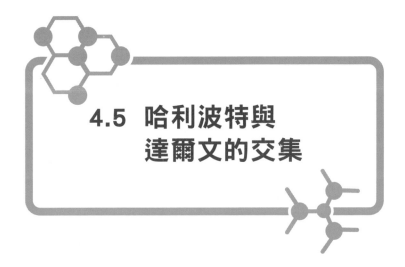

4.5　哈利波特與達爾文的交集

　　人們在社交過程中，有一條避免吵架的萬能準則，就是不要談論任何跟宗教和政治有關的話題。現在又出現了一條附加準則，就是不要討論科幻小說人物的對象，或者用同人小說的術語來說，就是「××關係」。舉個例子：在哈利波特的世界中，雖然哈利和金妮‧衛斯理在最後一部的終章結婚了，但是對於很多人來說，哈利和金妮從來沒有結過婚。如果你強行告訴那些粉絲，他們肯定會說「結婚？什麼結婚？」對於他們而言，哈利和妙麗、哈利和馬份才是天造地設的一對，

還有妙麗和石內卜教授（順便說一句，我等下會從多個方面來論證最後一對並不合適）。這種關係是顯而易見的，還是荒唐的？是合適的，還是不合適的？網路上對此的討論都表現出了強烈的主觀傾向，幸好這種爭論發生在一個槍支持有率非常低的民主國家。

科幻小說中的人物之所以能牽動讀者的內心，就是因為不管這個作家有多麼厲害，這些人物都是不完整的。實際上，如果文章中既包含直白的含義，也蘊含了深層含義，而且二者份量相當，那才算是精彩的寫作。書本（或者電影）都只能為讀者（或觀眾）呈現有限的事實或者畫面。人物的特點沒有被全部寫出來，把他補充完整就是讀者的工作了。因此在閱讀的過程中，我們憑藉自己的看法來彌補空白，也就賦予了人物角色真正的意義。如果在第五部、第二季的第四集、後記或者其他人寫的同人小說中，我們對人物性格的看法被否定了，那麼這就可以算得上人身攻擊了。我們可以在腦海中創造人物角色，並設想他們在虛構的世界中意味著什麼，然後就可以根據這種設想來豐富人物形象，不過現在已經不允許這樣做了。

　　除了麥片包裝盒和雜誌封面，生活中的大多數事物都很難直接看出其內在的本質。

　　我們需要努力構造的不僅僅是虛構人物的內心活動。事實上，除了早餐麥片包裝盒上的描述，生活中的大多數事物都不會圖文並茂地為我們展示其完整的意義。正是透過填補這些空缺，正是透過在生活中造就之前不明顯的意義，我們對自己進行了定義。這就是我們會對一些分歧感到格外敏感的原因。政治告訴我們應該如何以一個社會的形式生活以及在其中的角色和責任是什麼。哲學和宗教講述人類如何與宇宙聯繫在一起。如果有人持不同的觀點，就意味著若不是其中一方出錯了，就是需要建立一個能夠包容不同觀點的更大的世界觀。前者往往是最簡單的選擇，當然得有一個人認錯才行。

　　我們主要透過講故事的方式來創造意義，透過創造和分享故事來講述自己的信念。一些歌頌歷史上國王和總統的故事就佐證了人類最好的特性，還有關於大事件的故事、歷史故事和神話故事，還有描述我們所在的地理方位的故事，在我們理解自身的過程中都是不可或缺

的。亞瑟和他的圓桌會議[38] 展示了勇敢和無畏，摩西和法老展示了堅定和正義，查爾斯國王躲在橡樹後提醒了我們國王有時候也需要躲藏（實際上我不確定這個傳說的意義是什麼，但是這個故事不錯）。我們對小說的偏好同樣如此，不管是政治驚悚小說、科幻小說、懸疑小說還是愛情小說，無論我們是否相信哈利和妙麗會聽從命運的安排而永結同心，這最終都代表了我們的個人欲望和期望。

在尋求意義的過程中，科學不應該受到情緒壓力的影響。觀點、個性和自我都應該被排除在科學之外。與之相反，為了探索研究對象，我們設立目標，提出經得起考驗的假設，然後透過實驗來檢驗假設是否正確。故事不是此過程的一部分。這並不意味著我們把人的個性不當回事，但是至少我們應該對其應有的重要性作些許限制。「應有的」就是上句話中最重要的詞，因為科

---

(38) 亞瑟王和圓桌會議：所謂「圓桌會議」，其實是指一種平等、對話的協商會議形式。是一種與會者圍圓桌而坐的會議。據說，這種會議形式來源於英國亞瑟王的傳說。西元五世紀，英國國王亞瑟在跟自己的騎士們共商國事時，圍坐在一張圓形的桌子周圍，騎士與君主不排位次。

學是勃朗特三姐妹的小說和實境秀節目中的常見情節。當詹姆斯・華生，人類基因組計畫的領導人之一，不得不發表聲明說他沒有稱另一位科學家為猴子的時候，很明顯，我們的原則仍然會受到情緒的影響。

當我們無法提出一個經得起檢驗的假設時，科學也就瀕臨崩塌的邊緣了，宇宙和物種的起源就是兩個典型的例子。

當我們不知道如何提出一個經得起檢驗的假設時，特別是看似應該有一個科學的解決方法的時候，將故事從科學中分離出去的努力也就白費了。比如宇宙的起源。物理學曾經讓我們非常接近於問題的答案，但是最終卻功虧一簣了。可測試的物理力量被認為在創造之後的 10^{-12} 秒出現。那是一秒的十分之一的十分之一的十分之一……（重複八次以上）。在這 10^{-8} 秒中，光速行駛的距離等於一分錢硬幣厚度的三分之一，所以可想而知在 10-12 秒內也不可能發生太多的事情。但是宇宙早期是一段非常忙碌的時期，在幾分之一秒的時間裡支配一切的物理力量就這樣被瓦解了。這就意味著我們無法了解太多 10^{-12} 秒之前發生了什麼，因為我們無法對

這並不意味著我們應該將科學家們用來描述那 10^{-12} 秒內發生了什麼的理論與小說進行比較。吉卜林 [39] 的《原來如此的故事》[40] 中，駱駝怎麼會有駝峰 的故事，獵豹怎麼會有斑點的故事，與弦理論和宇宙多元性理論之間就存在本質的差異。儘管如此，它們也存在同樣的依據，即合理的故事可能比物理學家所說的要更為重要。至於在 T=0 之前發生了什麼，科幻小說和科學所能給出的解釋大同小異。當然宗教在這方面也存在比較有影響力的觀點。然而新觀點和新技術的出現促使我們努力去攻破這道障礙，去了解宇宙早期的狀態，假設很快就會出現帶領所有人回到 T=0 時期且經得起檢驗，這也並不是毫無依據的。

物種起源則是看似科學的另一個話題，但是在很

---

(39) 吉卜林：約瑟夫 · 魯德亞德 · 吉卜林（Joseph Rudyard. Kipling），英國小說家、詩人。曾獲一九〇七年諾貝爾文學獎，當時年僅四十二歲，是至今為止最年輕的諾貝爾文學獎得主。主要作品有詩集《營房謠》、《七海》，小說集《生命的阻力》和動物故事《叢林奇譚》等。

(40) 《原來如此的故事》：西元一八八二至一八八六年吉卜林僑居美國時編著的著名兒童讀物，也是一部小童話故事集，其內容涉及印度、叢林、草原、世界之初。

長的一段時間內，我們都沒能給出一個經得起檢驗的
解釋。在西方，關於物種起源的觀點主要基於《聖經》
中的〈創世紀〉，以及亞里斯多德的形而上學理論。〈創
世紀〉中包含兩個不同但互補的起源故事，主要以寓言
的形式講述了生命的起源。亞里斯多德認為地球上的生
命是因為意識到其潛力才存在的。這種觀點受到中世紀
早期教會學者的歡迎，例如湯瑪斯‧阿奎那。與〈創
世紀〉中故事一樣，亞里斯多德的形而上學也賦予了生
命形式的差異以目的和意義。動物游泳、飛行或者爬
行，可食用或者不可食用，都是命中注定的。這就是牠
們生存的目的之所在。

　　因為駱駝喜歡「哼哼」，所以牠的駝峰不應該存
在，但是既然駝峰存在肯定就是有目的的，對吧？

　　這是一個有趣的解釋。這種哲學觀點認為，所有的
生命及生命的各個方面都是有意義的。正如吉卜林所說
的，因為駱駝「哼」得太頻繁了，所以牠可能會沒有駝
峰，但是既然駱駝有駝峰，那麼肯定是因為某種目的才
存在的。獵豹身上之所以長斑點也是為了讓自己不被獵
物發現。

　　喬治・居維葉是十九世紀早期一位有影響力的科學家，他根據解剖學定義了物種劃分的方法。他對解剖學百科全書式的了解使得他能夠根據單一骨骼標本識別一個物種。肉食性動物的骨盆與草食性動物的骨盆就不一樣，因為身體的所有部位都以複雜的形式組合在一起，身體某個部位的區別，例如擁有強勁的下巴和大腿，會對身體其他部位產生持續的影響。跟亞里斯多德一樣，居維葉也信奉以目的為中心的物種起源觀點。據說，他的一個學生裝扮成鬼的樣子，在他睡覺的時候嚇唬他，大叫：「我是魔鬼，我來吃掉你了！」居維葉研究過幽靈，然後就回答說：「對此我很懷疑。你長著角和蹄，所以你應該只吃素。」在居維葉看來，解剖形態和功能的完美搭配意味著物種不能更改，因為物種解剖形態的任何變化都會使該部位無法執行功能。

　　大概在居維葉逝世的時候，達爾文才開始研究物種的起源。他提出的理論是，進化是由自然對物種已有的變異進行抉擇的結果，這樣就不用再為物種賦予目的，也不再需要解剖學。簡言之，達爾文認為物種的變異是可以遺傳的，如果攜帶變異的動物與同胞相比具有生存

優勢的話，就會繁衍出更多的後代。而且其後代也會攜帶這種優勢體徵，在自然抉擇壓力相同的情況下，與同物種的其他同胞相比，其後代更可能擁有更多的後代。

達爾文的理論建立在遺傳變異的基礎之上，也就是我們現在所知道的基因學，在達爾文的那個時代基因學尚未出現。從一個有機體到另一個有機體，基因序列的變異可以改變其產生的蛋白質的結構，或者改變生成蛋白質的時間和數量。目前所實施的大多數基因組項目都集中於描述不同人之間的基因突變，並試圖識別這些基因突變對人體產生的影響。

與吉卜林的《原來如此的故事》相反，達爾文的進化論（theory of evolution）強調的是：我們可以解釋獵豹身上長斑點的好處，但是不能探討其目的。

因此，有了基因學為補充，現在就出現了完整的進化論。基因突變在所有的物種中大量存在，導致了不同物種之間以及同一物種內部顯而易見的差異。自然為動物選擇了有利於生存的突變，從而使得被選擇的基因突變得以在同一物種內部不斷累積。因此，居維葉所發現的形態與功能的完美組合，並不是因為狼長牙齒的目的

在於獵殺動物，而是因為狼攜帶了讓牙齒更為鋒利且強壯的基因突變，這樣才可能擁有更多的後代，從而遺傳其體徵。

正是這種將意義和目的從生物學中分離出去的行為，引起了許多科學家對達爾文觀點的強烈反對。透過自然抉擇而進化的觀點抹除了生活中規範的所有意義，只承認描述性的東西。在達爾文之前，生命的各方面似乎都適用於設計、意義和目的的理論。對於很多人來說，這似乎抹殺了上帝的造物主身分，甚至否定了宗教的影響。不過達爾文進化論的影響仍然很大。達爾文的進化論出現之後，我們賦予生命目的似乎只是在編故事，但是那些故事並不能真正解釋生命。至少不是從科學的視角來解釋生命的。正如終章中否定了為哈利波特制定的計畫，達爾文否決了我們為解釋地球上生命起源所創造的所有故事。這讓人難以接受！看上去似乎有點隨意、盲目。不僅我們的故事被否定了，而且根本沒有人在寫這種故事了。

此外，達爾文的進化論提到人類不能朝著一個功能進化。相反，自然會選擇給予物種輕微優勢的基因突

變，但是至於隨著時間的遷移，這一基因會如何發展，
人人都可以有自己的猜想。獵豹身上長斑點並不是為了
躲藏，相反，我們有斑點的獵豹祖先，比沒有斑點的祖
先擁有更強的躲藏能力，因此有了更多有斑點的後代。
所以達爾文的進化論不僅僅意味著我們不能說狼長出
尖銳的牙齒是為了吃羊，還意味著我們不能說生命之樹
是盲目生長的，因為狼吃羊，所以狼並不見得比羊進化
得更好。同樣地，我們也不能說人類比猿類或者其他所
有物種進化得更好或者更先進，這對於有些人而言更難
接受。即便是川普的支持者們也不能這樣說。我們只能
說人類與猿類之間存在差異，例如使人類擁有繁育優勢
的祖先。

　　現代生物學尚未完全將自己從對目的的信仰中脫
離出來。正如之前所討論的，儘管大多數蛋白質都擁有
多種可能的作用，如果我們能夠辨別其目的，我們就會
據此為基因命名。例如，「週期蛋白質依賴性激酶 1」
也被稱為「細胞分裂控制 2」。第一個名字描述了其功
能，而第二個名字則揭示了其存在的目的。現在「週期
蛋白質依賴性激酶 1」是正式的稱呼，但是很多基因還

是有明確顯示其在細胞中的角色或者目的的名字。

並不是說生命的存在沒有意義。只是別讓一個基因學家告訴你生命的意義是什麼。幸好，很少人問我們這種問題。

世上是否存在某個為生命提供意義的潛在結構？達爾文的進化論並沒有真正解決這個問題，只是說我們不能只觀察事物看上去有多合適，例如老鷹與飛翔、海豚與游泳、哈利與妙麗，然後就說出現差異是有目的的。達爾文的進化論並不是說生命沒有明確的意義，只是說形式與功能的組合並不足以證明意義的存在，事實就是這樣。

當然，即使生物學可以基本擺脫對目的的信仰，最終也無法避免在生活的各方面中尋求生命的意義。當然，我們可以自由設立自己的目的。正如沙特所說的，我們注定是自由的。政治仍然是一門致力於使所有人同意某一目的的藝術，往往也會困難得多，計劃著如何在不互相殘殺（這往往是不必要的）的前提下取得目標的一致。宗教是實踐和哲學的綜合體，幫助我們利用目的的概念去指引自己的生活。然而，如果我們將自身局限

在只有生物學和基因學才有發言權的領域內，那麼我們就生活在一個沒有任何特定目的或意義的世界中。當然，我們總是可以創造出自己的同人小說來探索意義的存在。只是請不要再拿海格[41]和妙麗、路克和莉亞[42]、穆德和史卡利[43]組CP（人物配對）了。

---

(41) 海格：《哈利波特》系列中的人物，霍格華茲的獵場看守人。

(42) 星際大戰中的人物：路克，天行者；莉亞，莉亞公主，她老公是韓‧索羅（「千年鷹號」的船長）；倆人是雙胞胎兄妹。

(43) 穆德和史卡利：美劇《X 檔案》中人物。

第五章　其他

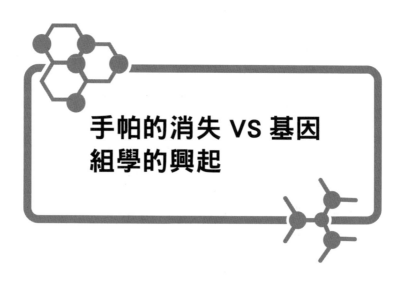

手帕的消失 VS 基因組學的興起

　　我小時候，有三樣物品很常見：手帕、一次性雨帽和雨靴，現在基本上已經看不到了。有些人可能會認為這是一件好事。手帕不衛生，一次性雨帽不符合當下的市場潮流，只有那雙雨靴看上去還稍微時髦點。這些物品消失帶來的好處就是，它們消失的同時，基因組學誕生了。這其中有沒有什麼聯繫呢？

　　當然沒有聯繫！如果你非要把兩者聯繫起來，那麼你若不是對手帕有著迷之喜愛，就是腦袋有點問題。或者都有。

　　首先，這三件物品並沒有完全消失。每次沒有手帕的時候，我都會念念不忘，然後家人就會趕緊買新的手帕給我，一包十二條的那種。雨靴和一次性雨帽現在也還在賣，只是沒有多少年輕人會去買。

　　其次，時間點也有點出入。基因組定序技術（Maxim-Gilbert，Sanger 定序技術）在一九七○年代末出現，那個時候這三件物品剛從我生活中消失，但基因組學真的走上發展巔峰是在一九九○年代之後。基因組學主要基於兩個技術平台：高通量定序和超強的計算能力。基因組的物理圖譜固然也很重要，但是這兩個技術平台才是該領域真正的技術支撐，這兩項技術一直到一九九○年代末期才在大規模的基因組學研究中發揮真正的作用。

　　手帕的消失衰亡與基因組學的誕生之間並沒有因果關係，白鱀豚的滅絕也並沒有推動基因組學的誕生。

　　所以，手帕和基因組學之間，手帕的消失與基因組學的誕生之間，並沒有因果聯繫。你也可以說白鱀豚的滅絕（最後一頭白鱀豚於二○○二年被發現）與基因組學的誕生同樣沒有因果聯繫。白鱀豚與基因組學關係假

說出現的時機比手帕與基因組學關係假說出現的時機要好得多。但是就算是最瘋狂的陰謀論者，那些能把所有新聞都跟光明會扯上關係的人，也不會說白鱀豚的滅絕跟基因組學的誕生有任何聯繫。白鱀豚的滅絕沒有推動基因組學的誕生，基因組學的誕生也沒有導致白鱀豚的滅絕。

但是，按照辯證唯物主義的觀點，任何事物之間都是有聯繫的，那麼其實也可以說一次性雨帽、雨靴、白鱀豚的消失和基因組學的誕生之間是有聯繫的。

對於手帕，我有點不確定，因為我重新開始使用手帕的時候，基因組學並沒有因此消失，可能它們之間的聯繫不太明顯。

自從女人不再擔心下雨會弄亂髮型之後，一次性雨帽就開始慢慢消失了。有些家庭生活工作比較忙，收入也比較高，他們往往會更喜歡隨意、容易打理的髮型。更重要的是，如今我們基本不需要擔心下雨天氣了。這也是雨靴消失的原因，因為現在就算下雨天不穿雨靴，鞋子也不會被弄溼。線上購物、室內購物中心、沃爾瑪似的「一次買齊」購物中心，還有一個家裡有兩輛車，

這些都意味著出門購物不用再經過泥巴路了。因為人們越來越追求便利，手帕慢慢地也就消失了。

　　所以這些物品消失的最主要原因可能是經濟的發展。

　　白鱀豚也是因為經濟的發展才逐漸滅絕的。河流運輸的發展、棲息地的破壞（沒有熊貓可愛）是牠們滅絕的主要原因。唯一的自我保護技能——後空翻——也不能自救。

　　是金錢把雨靴、白鱀豚和基因組學聯繫起來了。

　　錢把這些聯繫在一起，人們生活的開銷越來越大，房地產開發商的投入資本（收益）也越來越多，美國國立衛生研究院也花了越來越多的錢來從事生物研究，工廠也花了越來越多的錢來經營長江運輸貨物。自從一九七○年以來，世界生產總值成長超過了六倍。

　　雖然短期內感受不到，但是整體來說，現在的人們比雨靴盛行時代的人們要富裕得多。金錢總量的增加意味著越來越多的錢被花在獲取便利、購買鞋子上，而運輸這些鞋子恰恰會經過白鱀豚的棲息地。

那麼基因組學的誕生呢？基因組學是一門燒錢的科學，第一個人類全基因組定序的人類基因組計劃，成本高達二十七億美元。整體來看，科學研究一直是朝著更大、更貴的方向在發展的。有一個跡象表現了這一趨勢，就是現在的科學出版物往往會署很多作者的名字，有時候甚至有上千個作者，因此就有了「hyperauthorship」這個詞。一篇文章署幾十個作者甚至幾百個作者的名字很常見，因為進行基因組學研究必須占用大量資源。由此可見，基因組學研究不僅需要昂貴的設備，還需要大量的研究人員。第一篇文章描述某一物種的定序（這本身就需要一個大的團隊）之後，後續的研究再來描述這個研究與其他研究之間有什麼不同之處，這就意味著得觀察很多人。那麼就會涉及很多醫院、收集大量記錄。講這麼多，其實只是為了說明研究的成本又上升了。

對一種常見疾病中的基因突變進行研究，以黃斑部病變（macular degeneration）為例，就需要對一千個人的基因樣本進行觀察。對複雜疾病的研究更棘手，例如高血壓，在治療或測試結果中為了辨別微小的變化，可

能需要對成千上萬的患者進行觀察取樣。這都得花錢。

　　幸運的是，人們生活開銷增加了，研究經費也有所上漲。自一九七〇年以來，NIH 的研究經費增加了約五倍（經通貨膨脹調整後的結果）。對於那些擔心支出可持續性和財政穩定性的人來說，據估計，人類基因組計畫的成本將為美國經濟帶來超五十倍的回報。

　　所以我相信購買《銀河飛龍》光碟也會帶來差不多的經濟回報。基因組學雖然燒錢，但好像也會帶來財富。

　　因為是金錢推動了基因組學的誕生、導致了白鱀豚（和雨靴）的消失衰亡，所以保護白鱀豚並不會對基因組學的發展構成威脅，讓雨靴重回時尚之列也不會造成任何威脅。

　　由此我們可以得出兩個結論。

　　第一，一次性雨帽和白鱀豚的消失跟基因組學的發展之間本沒有因果聯繫，只是因為經濟才會被聯繫在一起，所以就算哪天發現了其他白鱀豚，也不用擔心基因組學會消失。雨靴的再次流行也不會摧毀基因組學。

所以我可以繼續用手帕，完全不用內疚。

　　第二，研究經費的增加促進了基因組學的興起，越來越多的投入可能會讓基因組學發展得更快更好。雖然過去的二十年裡我們取得了不少進步，但是我們現在真的需要做點什麼了，從簡單了解人類基因組中的基因，過渡到理解這些基因對人體健康和生物學的意義。作為精準醫療的一部分，美國政府正在落實「百萬基因組」計畫，一些私企和研究機構也有類似的「百萬基因組」計畫。在大量研究人員的努力下，我們希望能夠真正利用基因組學的潛力，早日實現這一目標。

國家圖書館出版品預行編目（CIP）資料

生物駭客？基因啟迪時代來臨，DNA 也可以被編輯
/ Brian Winston Ring（任博文）著 . -- 第一版 .
-- 臺北市：崧燁文化發行 , 2020.2
　面；　公分

ISBN 978-986-516-254-2（平裝）

363.81　　　108020447

書　　　名：生物駭客？基因啟迪時代來臨，DNA 也可以被編輯
作　　　者：Brian Winston Ring（任博文）著
責 任 編 輯：柯馨婷

發 行 人：黃振庭
出 版 者：崧燁文化事業有限公司
發 行 者：清文華泉事業有限公司
E - m a i l：sonbookservice@gmail.com
粉 絲 頁：https://www.facebook.com/sonbookss/
網　　　址：https://sonbook.net/
地　　　址：台北市中正區重慶南路一段六十一號八樓 815 室
　　　　　　Rm. 815, 8F., No.61, Sec. 1, Chongqing S. Rd., Zhongzheng
　　　　　　Dist., Taipei City 100, Taiwan (R.O.C)
電　　　話：(02)2370-3310　　傳　　　真：(02) 2388-1990

定　　　價：250 元
發 行 日 期：2020 年 2 月第一版